常见园艺植物中西花蓟马
监测与防控

张晓明 著

中国农业科学技术出版社

图书在版编目（CIP）数据

常见园艺植物中西花蓟马监测与防控／张晓明著 . --北京：
中国农业科学技术出版社，2024.10
ISBN 978-7-5116-6515-7

Ⅰ.①常…　Ⅱ.①张…　Ⅲ.①缨翅目-植物害虫-防治
Ⅳ.①S433

中国国家版本馆 CIP 数据核字（2023）第 216958 号

责任编辑	姚　欢
责任校对	王　彦
责任印制	姜义伟　王思文

出 版 者	中国农业科学技术出版社
	北京市中关村南大街 12 号　　邮编：100081
电　　话	(010) 82106631 (编辑室)　　(010) 82106624 (发行部)
	(010) 82109709 (读者服务部)
网　　址	https://castp.caas.cn
经 销 者	各地新华书店
印 刷 者	北京建宏印刷有限公司
开　　本	170 mm×240 mm　1/16
印　　张	10.25
字　　数	180 千字
版　　次	2024 年 10 月第 1 版　2024 年 10 月第 1 次印刷
定　　价	50.00 元

《常见园艺植物中西花蓟马监测与防控》
编 委 会

主　　著：张晓明

副 主 著：胡昌雄　张金龙　陈国华

著作成员：彭孝琴　李宜儒　孙　英　刘纪欢

　　　　　许正伟　周顺文　李　貌　黄国嫣

前　言

　　西花蓟马 *Frankliniella occidentalis* 是一种检疫性害虫，于 1997 年被列入《中华人民共和国进境植物检疫潜在危险性病、虫、杂草名录》，2003 年在北京首次被发现严重危害辣椒。其中，西花蓟马分布遍及美洲、欧洲、亚洲、非洲、大洋洲，在中国北京、云南、浙江、山东等超过 20 个省市区危害，其中在云南和北京两地发生最为严重。在国外，分布危害的国家超过50 个，包括加拿大、美国、日本、朝鲜、塞浦路斯、荷兰、新西兰等。西花蓟马是严重危害水果、蔬菜和花卉的害虫，寄主植物广泛，主要包括水果类的李、桃、苹果、葡萄、草莓等，蔬菜类的茄子、辣椒、生菜、番茄、豇豆等，花卉类的玫瑰、兰花、菊花等。

　　本书系统阐述了西花蓟马的概况、田间调查方法与预测预报技术、生物学研究、田间种群数量动态监测、综合防控措施，可供高等院校、科研机构、检验检疫和基层植物保护科研人员参考。本书的出版得到了"兴滇英才支持计划"青年人才专项（YNAUQNBJ2020291）、云南省中青年学术技术带头人后备人才项目（202105AC160071）、云南省基础研究专项（20202001AT070134）和云南省果蔬花入侵害虫防控国际联合实验室项目（202303AP140018）资助，在此表示感谢。

　　西花蓟马分布遍及全球，其相关研究文献分散且内容涉及面广。因此，研究工作仍需不断深入，要写出能全面、深入反映西花蓟马研究和防治进展全貌的专著实非易事。加之，著者水平有限，书中不妥之处在所难免，敬请读者批评和指正。

著　者

2023 年 9 月

目　　录

1

西花蓟马概况

随着"菜篮子"经济的不断发展，我国的温室面积不断扩大。农用塑料温室的面积逐年增加虽然缓解了我国农产品受季节限制的产出问题，推进了农业产业结构的调整进程，提高了我国城乡生活水平，但是，也改变了农作物的生长环境，且由于设施温室不易变动，长期循环，加之化肥农药的不合理使用，温室病虫害日趋严重。据不完全资料统计，我国常年发生的虫害超过 100 种，其中造成严重危害的有 50 多种，农产品产量损失达 1/4。特别是部分微小型害虫，如蓟马类害虫有虫体小、生活周期短、隐蔽性强且抗药性强的特点，防治难以达到预期效果，危害严重。

西花蓟马 [*Frankliniella occidentalis*（Pergande）] 又名苜蓿蓟马，隶属缨翅目（Thysanoptera）蓟马科（Thripidae），英文通用名为 western flower thrips，是全世界许多地区的入侵性农业害虫（Kirk & Terry，2003）。该虫起源于美国和加拿大西部山区，以吸取植物汁液为生，对农作物有极大的危害。西花蓟马可传播包括番茄斑萎病毒在内的多种病毒，致使植株生长缓慢，节间缩短，植物嫩叶、嫩梢变硬卷曲后枯萎，无法正常生长。西花蓟马于 1997 年被中国农业部列为进境植物检疫潜在的危险性害虫；2000 年，昆明国际花卉节参展的缅甸盆景上曾截获过该虫（蒋小龙等，2001），此后未发现西花蓟马踪迹。直至 2003 年 6 月在北京市郊温室辣椒严重发生，经中国科学院动物研究所韩运发研究员鉴定确认为西花蓟马，说明西花蓟马入侵中国后已经成功定殖，并呈现传播蔓延趋势，之后迅速在全国范围内暴发成灾。目前已成为中国多个省份一本的重要农业害虫之一，造成了重大经济损失。

近几年，西花蓟马在设施栽培作物尤其是设施蔬菜发生较为严重。另外，抗药性的迅速发展给其防治带来巨大阻碍，其防治问题一直备受关注。因此，探究解决西花蓟马的防治方法和途径，特别是贯彻我国"预防为主，综合防治"的植保方针和"公共植保、绿色植保"的理念，在农业生产中做好监测预防，科学制定防治措施控制西花蓟马，对世界范围内的农业生产都具有重要意义。

西花蓟马对蔬菜及花卉危害严重，与其寄主范围广、适生性强、繁殖率高、个体微小、危害隐蔽有密切关系；同时西花蓟马不仅对寄主植物造成直接的危害，还通过传播植物病毒，进一步加重对寄主的危害。对西花蓟马的控制，必须以预防为主，因此，西花蓟马的准确、快速鉴定，对有效阻止进一步传播扩散，明确其传播扩散机制具有重要意义。在常规鉴定方面，西花蓟马的种群活动规律及分布区域的种类鉴定是各地区一直关注的问题。许多国家在近缘种的鉴定方面已开展较多研究，传统的形态学鉴定具有直观、经济、可靠等特点，因此在蓟马分类鉴别中依然占主导地位。利用分子生物学技术进行西花蓟马及近缘种的鉴别具有方便快捷、结果可靠、稳定性好、重现性高等优点，适宜于口岸检疫，如蔬菜、花卉及其种苗调运中的检疫、检测与监测。然而目前的分子鉴定技术无法帮助基层工作人员实现直接在田间鉴定所采集的蓟马种类。因此，建立一种快速、准确鉴定西花蓟马的方法为农业服务是当务之急。随着实验技术的不断进步与发展，期待蓟马的分类研究将有新的更大成就。

1.1 西花蓟马形态特征及与其他近缘种的区别

1.1.1 形态特征

西花蓟马整个发育期分为卵、若虫、蛹、成虫4个阶段，是过渐变态类型昆虫，孵化后立即开始取食，各阶段形态特征如下。

（1）卵：不透明，肾形，约 250 μm 长。

（2）若虫：1 龄若虫一般无色透明，在胸部有 3 对结构相似的胸足，没有翅芽；有 11 个腹节。2 龄若虫金黄色，形态与 1 龄若虫相同。

（3）蛹（预蛹、蛹）：预蛹白色，有发育完好的胸足、翅芽和发育不完全的触角，身体变短，触角直立，少动；蛹白色，有发育完全的触角、扩展的翅芽及伸长的胸足。

（4）成虫：雌虫体长 1.2~1.7 mm，雄虫体长 1~1.15 mm。雄虫为灰色，而雌成虫体色有灰色、黑色等多种色型，色型不影响雌雄交配。触角 8 节；锉吸式口器；单眼间具有 2 根单眼鬃，每个复眼后有 1 根眼后鬃，前胸背板有发育完整的前角鬃和侧缘鬃，腹面平滑；具翅 2 对，在翅的前缘及后缘有长缨毛；第Ⅷ腹节背部梳状后缘栉毛发育完整，腹部末节雄性端部圆形，雌性为圆锥形，腹面纵裂；雌性有产卵器，呈锯状，由 4 片组成。（吕要斌等，2004）。

1.1.2 与其他近缘种的区别

西花蓟马与烟蓟马、花蓟马、佛罗里达花蓟马是近缘种，且与禾蓟马形态相似。西花蓟马复眼后长鬃与单眼间鬃大小粗细相近，禾蓟马复眼后有长鬃，花蓟马单眼间鬃明显短、细；西花蓟马与禾蓟马均具有后胸盾片感觉器，花蓟马不具有；西花蓟马与花蓟马腹部第 8 背板具有完整后缘梳毛，而禾蓟马腹部第 8 背板后缘梳毛退化（雷仲仁等，2004）。各近缘种形态特征介绍如下。

烟蓟马：烟蓟马又被称为葱蓟马、棉蓟马，雄成虫体长 1~1.3 mm，雌虫体长 1.3~1.4 mm；体色淡黄色，背面黑褐色；触角 7 节，呈褐色；锉吸式口器；翅 2 对，淡黄褐色，狭长，翅脉稀少，上脉端鬃 4~6 根，单眼间鬃靠近三角形连线的外缘，腹部第 2~8 腹节前缘有一条黑色横条带状纹，雄虫腹部末端钝圆形，雌虫腹部末端圆锥形，产卵期锯齿状。与西花蓟马的区别在于烟蓟马腹部第 8 腹节背面的栉不完整，前胸背板前角鬃长于前缘鬃，眼后鬃比眼间鬃短而细，身体颜色以褐色为主（谢永辉等，2011）。

花蓟马：体色褐棕色，头和胸部颜色较浅；锉吸式口器；翅 2 对，前翅微黄色；雌成虫体长 1.3~1.4 mm；触角 8 节，较粗；头短于前胸，头背复眼后有横纹触角第 Ⅱ 节背面的一对鬃不膨大，不突出，触角第 Ⅲ 梗节基部和端部等长，单眼间鬃较为粗长，复眼后鬃短，前缘鬃 4 对，后缘鬃 5 对，后角外鬃较长（张治科等，2019）。

佛罗里达蓟马：锉吸式口器；翅 2 对；触角第 Ⅱ 节背面的一对鬃膨大，突出，触角梗节中间突出似角状（刘宁等，2005）。

1.2 西花蓟马寄主作物及生物学特性

1.2.1 寄主作物

西花蓟马的寄主植物非常广泛，目前已知的寄主作物有 66 科 200 多种，如水果类的李、桃、苹果、葡萄、草莓等，蔬菜类的茄子、辣椒、生菜、番茄、豇豆等（高杭等，2015；张彬和郑长英，2015；刘晨等，2021），花卉类的玫瑰、兰花、菊花等（刘国琴等，2009；曹宇等，2015；张晓明等，2017）。温室寄主植物：茄子、黄瓜、玫瑰、凤仙花、甜椒、兰花、矮牵牛花、菊花、大丽花、大岩桐、大丁草、非洲紫罗兰、樱草、倒挂金钟等。露地寄主植物：苹果、葡萄、豌豆、芹菜、洋葱、胡椒、生菜、番茄、花生等（陈锐芬，2011；刘凌等，2011）。其寄主种类仍在持续增加，面对不同种类的寄主植物，无论西花蓟马喜好程度如何，其均能完成生活史且具有较强的繁殖能力。

1.2.2　生物学特性

西花蓟马繁殖能力强，个体微小，极具隐匿性，防治困难。成虫极活跃，喜阴怕强光，多在背光场所聚集危害。对蓝色、黄色和白色均有趋性，对蓝色趋性最强。在温室稳定温度下，1 年可连续发生 12~15 代，生殖方式为两性生殖和孤雌生殖。在 15~35℃均能发育，从卵到成虫只需 14 d 左右。在 26.7℃下，卵、幼虫、预蛹的发育历期分别为 4 d、6~7 d、3~4 d。在 20℃下，由卵到成虫整个发育历期为 21~22 d。成虫羽化后即可交配，可重复交配。雌成虫寿命 30~45 d，平均产卵量可达 150~300 粒，产卵量与温度密切相关（雷仲仁等，2004）。卵通常散产于叶面或平行于叶脉。在室外田间，受温度的影响，西花蓟马卵期为 5~15 d，干燥条件下易脱水死亡，2 龄若虫取食量大，常群集取食，当缺乏食物且种群密度较高时若虫会出现互残行为。蛹期几乎不食不动，但受到惊扰后可以缓慢移动。

西花蓟马的寄主植物十分广泛，几乎对所有开花的植物均可造成危害。该害虫产卵于植株花、叶、幼果、果梗、花萼或嫩茎组织内，未展开的花苞是成虫最喜好的产卵场所。在温暖地区能以成虫和若虫在作物或杂草上越冬，在相对较冷的地区则在耐寒作物上如苜蓿和冬小麦以及温室中越冬，在寒冷季节也能在枯枝落叶和土壤中存活。其发育历期长短与所处的环境温度及寄主植物有很大关系，王海鸿等（2014）研究表明西花蓟马在波动温度下的种群增长比在恒温下快。在温室稳定的条件下，一定温度范围内，西花蓟马各虫态的发育历期随温度的升高而缩短，发育速率随温度的升高而加快，存活率随温度的升高而升高，在 25℃时存活率最高，为 40.12%，在 30℃时成活率最低，为 17.80%，故 25℃是西花蓟马最适温度。西花蓟马从卵到成虫的发育历期，在 30℃时最短，为 9.25 d；在 15℃时最长，为 28.27 d。西花蓟马一年可连续发生 12~15 代，15~35 ℃均能发育，25~35 ℃条件下于 2 周内即可完成一代。在 27.2℃时成虫产子代数最多，每头雌虫可产

200 头以上，其次为 20~25℃，可产 100 头以上。温度高于 35℃ 或低于 15℃ 时，每头雌虫产后代虫数均显著减少。此外，研究表明西花蓟马在土中化蛹存活率更高（刘丽辉，2006）。西花蓟马虫体微小易随微风飘散传播蔓延，但其远距离扩散主要依靠人为因素。阴雨天气不利于西花蓟马种群发生，连续降雨或强降雨西花蓟马各虫态受雨水冲刷种群数量显著降低。

西花蓟马作为入侵害虫，可以造成巨大的破坏，威胁农作物生产安全，因此其防治在未来一定要多维度、多角度、多手段同时进行，将化学、生物与物理防治综合起来，形成一套综合立体的防治措施。这也是 IPM (Integrated Pest Management，有害生物综合治理）策略所要求的，利用不同的防治措施互相协调弥补各自方法的缺陷，共同构建一个稳定安全可持续的防治害虫的框架，从而保证农作物生产安全。同时，在可持续农业生态系统中，应该加强对西花蓟马天敌的基础性研究，并且对西花蓟马生物防治领域给予更多的关注。

1.3 西花蓟马分布与危害

随着经济全球化的快速发展，生物入侵已经成为一个全球性的问题。西花蓟马在 20 世纪 60 年代之前主要分布于美国西部，70—80 年代在北美迅速扩散，蔓延至全美和加拿大。随着全球贸易的发展，西花蓟马在全球范围内迅速扩散传播，1983 年在荷兰发现，不到十年的时间里就蔓延到整个欧洲。目前，西花蓟马已广泛分布于美国、英国、荷兰、西班牙、以色列、日本等 69 个国家和地区。2003 年 6 月在北京市郊区的辣椒花上首次采集到西花蓟马之后，又进一步在北京多个区及云南等地发现，迄今为止在中国多个省份均有分布，主要集中发生在云南、浙江、江苏、河南、山东、天津、北京等花卉贸易地区，而近年来有向内蒙古、西藏等地扩散的趋势（王海鸿等，2013；高振江等，2017）。

由于西花蓟马寄主范围广泛，可通过取食、产卵和传播病毒对植株造成危害，对入侵地的生态环境和植物安全造成了严重的影响和经济损失。优越的竞争能力被认为是入侵物种成功入侵的关键（Chu et al., 2010），西花蓟马在全球范围的入侵过程中，也显示了此特性。近年来，西花蓟马在全国范围内呈快速蔓延的趋势，在与本土蓟马的竞争中西花蓟马占据了优势地位，甚至将本土蓟马取代。

1.3.1　世界分布情况

西花蓟马于 20 世纪 80 年代开始在国际传播蔓延，目前许多国家已有该虫的分布（戴霖，2005；Eppo，1997）。其中，阿尔巴尼亚、奥地利、比利时、澳大利亚、新西兰、保加利亚、克罗地亚、捷克、丹麦、爱沙尼亚、芬兰、法国、德国、希腊、匈牙利、爱尔兰、肯尼亚、南非、意大利、立陶宛、马其顿、马尔他、塞浦路斯、以色列、日本、荷兰、挪威、波兰、葡萄牙、罗马尼亚、俄罗斯、斯洛伐克、厄瓜多尔、圭亚那、秘鲁、斯洛文尼亚、西班牙、瑞典、瑞士、英国、加拿大、美国、哥斯达黎加、多米尼加、朝鲜、韩国、科威特、危地马拉、马提尼克岛、波多黎各、马来西亚、斯里兰卡、阿根廷、智利、哥伦比亚、斯威士兰、津巴布韦、中国等国家均已报道了该虫的分布（Mantel & Van，1988；Felland *et al.*，1995；陈洪俊和张友军，2005）。

1.3.2　中国分布情况

据周卫川等（2006）对中国 670 个基准气象站代表地区模型预测表明西花蓟马在中国适生区占 85.97%，非适生区占 14.03%。其中，中国云南、贵州、四川、湖南、江西、浙江、广西的部分地区以及广东、台湾、海南的全部地区全年温度较高利于西花蓟马生存，可终年生长繁殖，无须越冬，是西花蓟马发生的高危险区。而在黑龙江、吉林、内蒙古、新疆、青海、辽宁、甘肃、山西、西藏的部分地区由于温度低，西花蓟马不能越冬，是西花蓟马发生的安全区。

目前，西花蓟马在国内已报道分布地区为北京、沈阳、吉林、广州、南京、天津、贵阳、陕西、西藏、新疆、内蒙古、宁夏、甘肃、湖南、云南等。其中，调查发现西花蓟马在云南省的分布呈现以昆明为中心向四周地区辐射扩散分布危害（吕要斌等，2011）。在云南昆明、大理、楚雄、昭通、红河、保山、玉溪、曲靖、西双版纳傣族自治州等地区已广泛分布且危害最为严重。

1.3.3　扩散与危害

1.3.3.1　扩散

随着世界贸易的发展，西花蓟马被不断的传播，并在入侵地迅速定殖、扩散、蔓延，这也导致西花蓟马的寄主在持续不断地增加，国外有研究发现西花蓟马存在寄主扩张的行为（Trichilo & Leigh，1988）。我国地域辽阔，气候复杂多样，资源及物种丰富，多样化的生态系统以及近年国际贸易的往来不断增加，国际旅游业的迅速回稳，越来越多入侵物种不断传入我国并定殖于此，时刻威胁着我国的生物安全。

西花蓟马的传播扩散方式主要为远距离扩散和近距离扩散。远距离扩散：西花蓟马的远距离扩散主要依靠人类活动造成，包括种子、苗木、花卉等农产品的调运、动植物引种、交通工具带入以及旅游活动带入，尤其是鲜切花类农产品的运输。近距离扩散：西花蓟马虫体微小容易随着风力飘移扩散到其他地方，同时因其善于隐藏、不易发现等特点易随农事操作工具以及随农事人员衣物等携带传播。

1.3.3.2　危害

西花蓟马的危害包括直接危害与间接危害。

1.3.3.2.1　直接危害

指取食过程中以锉吸式口器刺吸寄主植物的叶、芽、花或果的汁液，造成嫩叶皱缩卷曲甚至黄化、干枯、凋萎，花器呈白斑点或变成褐色，果实留下创痕甚至造成疮疤。该害虫尤其喜欢在花内或在叶片上栖息，成虫及1~2龄若虫主要危害植物的叶片、花、果实，3~4龄若虫大部分集中在土壤中发育，成虫时再次回到植物地上部分进行危害。对叶、花、果等不同部位造成的直接危害各不相同，具体如下。

（1）西花蓟马对叶片的直接危害。危害从子叶期开始，随植株的生长自下而上，被害叶片正面似斑点病害。后被害叶片褪色并留下食痕，叶片先呈白色斑点后连成片，叶片正面及背面均危害，叶背则有黑色虫粪。严重危害时，叶片变小、皱缩，甚至黄化、干枯、凋萎，影响光合作用，在干燥季节的危害更大，受害植株会因很快丧失水分而死亡（吴青君等，2005）。

（2）西花蓟马对花的直接危害。被害花卉表现为花瓣褪色并留下食痕，花器受害呈白斑点或变成褐色，影响花卉的外观和商品价值，严重时引起雄蕊畸变、花不育、花瓣碎色等，受侵染的花蕾、花朵畸形、不能正常开放。

（3）西花蓟马对果实的直接危害。取食植物花粉或花的子房，造成畸形、发育受阻或果实褪色，成虫还通过吸食果实的汁液在表面形成伤痕，严重影响果实品质和商品价值，也可直接引起幼果脱落。例如，被害黄瓜出现银色线状斑痕、果面粗糙，严重影响品质和商品价值。

1.3.3.2.2 间接危害

西花蓟马除直接危害寄主植物外还能传播多种病毒病，其中最主要的是番茄斑萎病毒属的两种病毒：凤仙花坏死斑点病毒（impatiens necrotic spot virus，INSV）和番茄斑点萎蔫病毒（tomato spotted wilt virus，TSWV）。这两种病毒均可感染多种重要农作物，对农作物造成重大的损害。西花蓟马1龄若虫取食发病寄主植物叶片后，病毒在其唾腺和其他组织中滞留并不断增殖，3 d后即具备传毒能力。感毒的幼虫发育为成虫后仍然带毒，其中雄虫的传毒能力强于雌虫。病毒经成虫的取食传至健康植株使得病毒病迅速扩散蔓延而造成危害。一般可导致作物产量损失 30%~50%，严重时可达 70%，甚至绝收。

本章主要参考文献

曹宇，刘燕，熊正利，等，2015. 西花蓟马对不同花卉寄主的产卵选择性. 植物保护学报，42（5）：741-748.

陈洪俊，张友军，2005. 西花蓟马的鉴别与检疫. 植物检疫（1）：33-34.

陈锐芬，2011. 西花蓟马对寄主植物的适应特性研究. 福州：福建农林大学.

戴霖，杜予州，鞠瑞亭，等，2005. 危险性害虫西花蓟马的传播现状. 华东昆虫学报（2）：150-154.

戴霖，杜予州，张刘伟，等，2004. 西花蓟马在中国的适生性分布研究初报. 植物保护（6）：48-51.

高杭，郅军锐，张骏，等，2015. 西花蓟马对六种蔬菜的选择性及受害蔬菜挥发物化学成分的变化. 生态学杂志，34（4）：1019-1025.

高振江，张冬梅，高娃，等，2017. 害虫西花蓟马在内蒙古中西部地区的发生与分布. 北方农业学报，45（2）：82-85.

蒋小龙，白松，肖枢，等，2001. 为中国昆明国际花卉节把关服务. 植物检疫（2）：115-117.

雷仲仁，问锦曾，王音，2004. 危险性外来入侵害虫：西花蓟马的鉴别、危害及防治. 植物保护（3）：63-66.

刘晨，李英梅，魏佩瑶，等，2021. 西花蓟马发生特点及综合防治. 西北园艺（综合）（3）：56.

刘国琴，兰建强，吴国星，等，2009. 西花蓟马在花毛茛和康乃馨上的种群动态. 江西农业学报，21（1）：71-73.

刘丽辉，2006. 温度、土壤对西花蓟马生长发育的影响及东亚小花蝽的捕食作用. 福建农林大学.

刘凌，陈斌，李正跃，等，2011. 石榴园西花蓟马种群动态及其与气象因素的关系. 生态学报，31（5）：1356-1363.

刘宁，任立，张润志，等，2005. 西花蓟马的鉴别及其与近缘种的区别. 昆虫知识（3）：345-347，354.

吕要斌，贝亚维，林文彩，等，2004. 西花蓟马的生物学特性、寄主范围及危害特点. 浙江农业学报（5）：73-76.

吕要斌，张治军，吴青君，等，2011. 外来入侵害虫西花蓟马防控技术研究与示范. 应用昆虫学报，48（3）：488-496.

王海鸿，雷仲仁，李雪，等，2013. 西藏发现重要外来入侵害虫：西花蓟马. 植物保护，39（1）：181-183.

王海鸿，薛瑶，雷仲仁，2014. 恒温和波动温度下西花蓟马的实验种群生命表. 中国农业科学，47（1）：61-68.

吴青君，张友军，徐宝云，等，2005. 入侵害虫西花蓟马的生物学、危害及防治技术. 昆虫知识（1）：11-14，1.

谢永辉，李正跃，张宏瑞，2011. 烟蓟马研究进展. 安徽农业科学，39（5）：2683-2685，2785.

张彬，郑长英，2015. 西花蓟马在不同花生品种间的实验种群生命表. 广东农业科学，42（13）：80-83.

张晓明，姚茹瑜，张宏瑞，等，2017. 不同花色菊花品种上西花蓟马种群密度及雌雄性比. 植物保护学报，44（5）：737-745.

张友军，吴青君，徐宝云，等，2003. 危险性外来入侵生物：西花蓟马在北京发生危害. 植物保护（4）：58-59.

张治科，吴圣勇，雷仲仁，等，2019. 银川设施辣椒上西花蓟马与花蓟马的种群竞争及发生态势. 植物检疫，33（5）：13-17.

周卫川，林阳武，翁瑞泉，等，2006. 西花蓟马在中国的地理分布和年发生代数预测. 昆虫知识（6）：798-801.

CHU D，ZHANG Y J，WAN F H，2010. Cryptic invasion of the exotic *Bemisia tabaci* biotype Q occurred widespread in shandong province of China. Florida Entomologist，93（2）：203-207.

EPPO, CABI, 1997. 欧洲检疫性有害生物. 中国-欧洲联盟农业技术中心译. 北京: 中国农业出版社: 98-101.

FELLAND C M, TEULON D A J, HULL L A, *et al*., 1995. Distribution and management of *Thrips* (Thysanoptera: Thripidae) on *Nectarine* in the Mid-Atlantic region. Journal of Economic Entomology, 88 (4): 1004-1011.

GERIN C, HANCE T H, IMPE G, 1994. Demographical parameters of *Frankliniella occidentalis* (Pergande) (Thysanoptera, Thripidae). Journal of Applied Entomology, 118 (1-5): 370-377.

KIRK W D J, Terry L I, 2003. The spread of the western flower thrips *Frankliniella occidentalis* (Pergande). Agricultural and Forest Entomology, 5 (4): 301-310.

MANTEL W P, VAN D V I, 1988. De californische trips, *Frankliniella occidentalis*, eennieuwe schadelijke tripssoort in de tuinbouw onder glas in Nederland. Entomolog Berichten (Amsterdam), 48: 140-144.

TRICHILO P J, LEIGH T F, 1988. Influence of resource quality on the reproductive fitness of flower thrips (Thysanoptera: Thripidae). Annals of the Entomological Society of America, 81 (1): 64-70.

WHITTAKER R H, LEVIN S A, ROOT R B, 1973. Niche, habitat, and ecotope. The American Naturalist, 107 (955): 321-338.

2

西花蓟马的田间调查方法与预测预报技术

农业虫害的暴发是农业生产中重要灾害之一，容易造成重大农业损失。田间虫情监测及时给出准确虫情信息，制定科学预防措施可有效减少减轻虫害对农业生产造成的损失，对害虫综合治理具有重要意义。因此研究西花蓟马与环境的相互关系，从个体、种群、群落、生态系统 4 个层次对西花蓟马数量动态进行监测、预测、预报是西花蓟马综合治理的理论基础，为充分利用天敌提供依据，在农业生产实践中具有重要意义。

目前对于西花蓟马常用监测手段主要有常规田间取样调查和诱集监测。西花蓟马的诱集包括利用趋光性的灯光诱集，利用趋化性的性诱剂及食诱剂，利用趋色性的黄蓝板诱集等。此外，广东省农业科学院植物保护研究所建立了蓟马成虫、若虫的 GC-MS 鉴定特征谱分析方法，用于西花蓟马的快速鉴定与监测工作（钟锋等，2009）。

2.1 田间监测调查方法

2.1.1 种群动态监测调查方法

昆虫种群动态调查又被称为系统调查，其目的是调查害虫种群在时间和空间上的数量动态，即它的分布与危害、越冬虫态与场所、发生世代与发生期、在不同时期和不同农业生态环境中的数量变动等情况，以便确定害虫的防治对策、防治适期和防治方法。

2.1.1.1 色板粘虫法

色板粘虫法主要利用了昆虫的趋光性，指在趋光行为中，光作用于昆虫复眼的光感受器或者光感受器受到光波光强的作用，引起光感细胞对光子能量的接受或反应，从而引起感光细胞信息信号的产生和传导变化，以生理电信号的形式反映出来，进而控制复眼的生理结构调节和对光的适应（趋向）。西花蓟马对波长 580~600 nm 和 455~492 nm 具有趋向性，分别对应黄色和蓝色，即西花蓟马对黄板和蓝板具有趋向性，将黄板或者蓝板悬挂于作物中调查其种群动态。

【案例】不同菊花品种上西花蓟马的田间调查

在调查不同菊花品种上西花蓟马种群时，为了避免盘拍法带来的人为误差，以及直接采集花朵后无法调查非开花期的西花蓟马种群数量等问题，建议选择色板粘虫法。调查共选取 4 个温室，每个温室内每个菊花品种随机选择 4 个小区进行调查，每个小区上面随机悬挂 5 块粘虫板于菊花顶部 5 cm 的位置，所有粘虫板均按照南北朝向悬挂，粘虫板之间的距离大于 3 m。小区中种植的菊花品种株高及生长期基本一致，调查期从菊花种植后大约 45 d、菊花苗长至高约 30 cm、隐约观察到菊花花蕾时开始，至菊花开花切割后 20 d 为止，期间每 10 d 更换新板，旧板用塑料保鲜膜封存，带回实验室进行鉴定，记录蓟马数量。调查期间菊花苗采用常规水肥管理。

2.1.1.2　盘拍法

西花蓟马主要聚集在鲜嫩叶片的背面，形态较小，隐匿性强，难以用肉眼进行观察，可采用盘拍法进行调查，具体方法：将带有黏稠状液体的瓷盘放置于调查植株之下，连续拍打植株促使虫体脱落，然后将虫体装入采集瓶带回实验室、记录蓟马数量。

2.1.1.3　五点取样法

五点取样法在害虫的田间调查中广泛使用，首先确定对角线的中心点作为中心抽样点，再在对角线上选择 4 个与中心点距离相等的点作为抽样点。这种方法适用于调查植物个体分布比较均匀的情况，如图 2-1 所示。

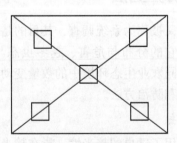

图 2-1　五点取样法

【案例】豌豆、萝卜、油菜等作物上西花蓟马的田间调查

在 3 种作物（豌豆、萝卜、油菜）花期进行调查试验，每种作物选取 3 块样地进行调查，样地面积约为 100 m²，未喷洒任何杀虫剂，且作物长势良好。每 5～6 d 调查采集 1 次。采用五点取样法，每个点采集作物开花期内长势高度相似的带花植株 3 株，采集时用枝剪将植物地上部分整株剪取。单个植株用自封袋装好并标记后带回实验室统计蓟马成虫种类及数量，分别对采集到整个植株上的蓟马数量进行统计，同时对蓟马的鉴别特征（触角、单眼鬃、体躯上的特征）进行鉴定（钱蕾等，2015）。鉴定主要优势种，并记录数据。

2.1.1.4　棋盘式取样法

昆虫种群动态调查中的棋盘式取样法：将田块划成等距离、等面积的方格。每隔一定的方格取 1 个样点，相邻行的样点交错分开。棋盘式取样法取样点数量较多，比较准确，但较费工。每个样点的样本量可适当减少，如图 2-2 所示。

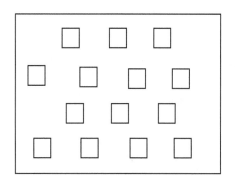

图 2-2　棋盘式取样法

【案例】玉米田节肢动物的田间调查

共计调查 4 个样区 12 个样地，均采用 10 点棋盘取样方法，每个样地选取 10 个调查点，每个调查点调查 10 株共记 100 株，每隔 15 d 调查一次，每次调查持续时间 24 h，记录植株上的节肢动物种类和数量。将田间不能够确定种类的节肢动物标本装入 80% 乙醇溶液标本瓶中保存，统一编号并记录采集时间、地点等，带回实验室鉴定后记录种类和数量。

2.1.1.5　随机取样

随机取样是按照一定的取样方法、间距和取样单位严格取样，绝不能有任何主观因素参与，即从整体中随机选取部分样本来估计总体的方法。随机取样要求总体中的每一个样本都是独立的，样本之间不存在相互连接的关系，抽到每个样本的机会是相等的。

【案例】月季上西花蓟马的田间调查

在月季花期采用随机调查的方法调查西花蓟马的种群数量。挑选一个月内未使用农药的温室，将初蕾期、蕾期（初现红）、初花期（含苞待放）、花中期和花后期花朵各 20 朵放入采集袋中带回实验室，观察采集袋中各种蓟马成虫、若虫数量；用煮沸法（将花瓣投入清水中煮至变色，使蓟马卵蛋白质凝固，用冷水漂洗，于解剖镜下计数）统计已开放花朵的卵数。选择留有开放花朵的月季地块，棚内和棚外各 2 块，每块定期采集开放花朵 20 朵，记录西花蓟马和其他蓟马的数量，计算西花蓟马所占比例。每月调查 1 次。

2.1.2　日常活动规律调查方法

不同调查方法综合运用实例如下。

2.1.2.1　五点取样法

在石榴园内选择五点取样法进行调查，每个调查点选择 1 棵石榴树，将调查的石榴树分为上、中、下三部分。石榴花期（3—6 月），在石榴树的上、中、下随机采花 4 朵调查，果期（6—9 月），在石榴树上、中、下各部位随机采集 5 个嫩梢和 5 片叶以及 4 个幼果调查，即每园采花 60 朵或嫩梢 75 个和叶 75 片，并调查 60 个幼果，用自封袋把调查样品带回实验室观察，将蓟马收集起来进行鉴定。以上调查每 7 d 采集 1 次。

2.1.2.2　盘拍法

采用五点取样法在园内随机选取 5 个葡萄长势一致的温室，每棚内随机选取 5 株葡萄，每株葡萄上随机选择 2~3 根枝条（枝条长势一致，长约 30 cm），采用盘拍法拍打嫩梢和叶片，连续拍打 3 次（邢楚明等，2017），使蓟马落入白瓷盘（白瓷盘长 40 cm，宽 25 cm，深 2 cm）内，用小毛笔将蓟马挑入盛有 75% 乙醇溶液的 50 mL 塑料离心管中保存，带回室内进行初鉴定，筛选出蓟马成虫，将蓟马成虫参照张宏瑞等（2006）的方法制成临时玻片，在显微镜下鉴定种类并计数。

在每块辣椒田中（去除边缘 3 m）随机选取 5 个样点，每点选择 1 m²，包括 4~6 株辣椒及杂草。采用盘拍法采集蓟马及主要天敌昆虫。在白瓷盘中喷洒上清水防止蓟马和天敌逃离，将白瓷盘置于植株下方，用木棍或手轻轻拍打植物的枝条，使其掉落于白瓷盘中。较为矮小的杂草，直接割起后将蓟马及天敌昆虫振落于白磁盘中然后收集。用软毛刷瓷盘中的蓟马刷取到装有 75% 乙醇的采集瓶中，做好标记带回实验室鉴定并统计数量。

2.1.2.3 色板诱捕法

试验方法主要参照付步礼等（2019），在处于盛花期的辣椒上进行试验。分别在晴天和阴天调查西花蓟马在辣椒上的日间节律。在温室和露地种植的辣椒地各选择 3 块样地，每块样地中选择 5 个点（温室中单排排列 5 块诱虫板），每个点悬挂一块蓝色诱虫板（规格为 20 cm×25 cm，购买自临沂智诚农业科技有限公司），诱虫板悬挂高度为距离辣椒植株顶部 20 cm。夜间节律调查时间为当天 20:00—翌日 6:00，期间不更换诱虫板，于 6:00—20:00 进行日间节律调查，每次间隔 2 h，调查并记录蓝色诱虫板上西花蓟马的数量。每次换板时将保鲜膜贴在诱虫板两面，在解剖镜下鉴定并记录每个调查时间段内西花蓟马的数量。

还可参照陈俊谕等（2017）采用色板诱捕法监测蓟马发生动态。在避雨栽培葡萄园内随机选取 3 个大小相同、葡萄长势一致的温室，在每个温室外左右两侧播种同密度诱集植物，一侧为黄金菊 *Euryops pectinatus*，另一侧为蓝花鼠尾草 *Salvia farinacea*。采用五点取样法在每个温室内距离地面约 2 m 的葡萄树上部（简称上层）和约 0.5 m 的葡萄树下部（下层）各选取 5 点，在棚外黄金菊和蓝花鼠尾草花朵上方各随机选取 5 点悬挂粘虫板，粘虫板与花朵垂直距离约 0.4 m，粘虫板水平间距约 4 m。每点悬挂黄板、蓝板各 1 块，每隔 1~2 周更换 1 次色板。收板时用保鲜膜双面封住粘虫板，标记后带回室内，在解剖镜下检查并分别统计同种颜色粘虫板上的蓟马数量。

2.2 标本制作

浸浴脱色：采集好的蓟马标本带到实验室后，在虫体比较柔软的情况下，立即转移到盛有 20% 的氢氧化钠溶液的烧杯中，浸泡脱色 4~5 h。

清洗：把蓟马倒入 100 目绢纱做的袋子里，用吸水纸吸净绢纱上的氢氧化钠，浸泡在蒸馏水中 20 min，浸泡的时候轻轻晃动绢纱袋，使蓟马体内容物排出，然后反复用蒸馏水漂洗几次。

脱水：用吸水纸吸干绢纱上的水，随后依次浸润到 55%、75%、85%、100% 乙醇溶液中进行浸泡脱色，每梯度浓度分别浸泡 15 min、10 min、5 min、1 min，最后转移到二甲苯溶液中，浸泡 2~3 h。

整姿盖片：在双目解剖镜下进行制片，在载玻片中央滴 1 滴阿拉伯树胶，每滴胶里面放 3 头蓟马，蓟马腹面朝下，用解剖针轻轻拨正虫体，把触角、翅、足等附肢展开，以便在显微镜下能清晰看到蓟马形态特征。整理好后，盖上盖玻片，使盖玻片的一边先接触阿拉伯树胶，然后轻轻盖在胶体上面，尽量避免出现气泡。

干燥、鉴定：玻片制好后，在 60 ℃烘箱中烘 8 h。冷却取出后即可在双目显微镜下观察形态特征并进行鉴定。观察后的标本继续自然晾干，贴上标签后装盒保存（张宏瑞等，2006）。

2.3 种群活动时期的划分与定义

参照 Zhang 等（2020）采用四分位法将蓟马发生分为 3 个时期：发生早期、主要发生期和发生晚期。将各发生时期蓟马发生量占整个发生期调查总发生量的比例设为 R，利用这 3 个时期的时间节点即 R 分别为 25%、50% 和 75%时将发生时段划分为 4 部分：$R<25\%$ 为第 1 分位，$25\%\leqslant R<50\%$ 为第 2 分位，$50\%\leqslant R<75\%$ 为第 3 分位，$75\%\leqslant R\leqslant 100\%$ 为第 4 分位。将 $R<25\%$ 的时期定义为发生早期，$25\%\leqslant R<75\%$ 的时期定义为主要发生期，$75\%\leqslant R\leqslant 100\%$ 的时期定义为发生晚期，将 $R=50\%$ 的时期定义为整个发生期中的蓟马发生最高峰。

2.4 抗性鉴定方法

选用蓟马量比值法，以 5 个辣椒品种为研究对象，通过模糊识别法进行蓟马抗性鉴定。当自然生长组上蓟马发生量达到盛发期时，记录蓟马的数量。每品种选取 10 株，并用标记牌记录，每株选取中部自然展开的 3 片叶片进行蓟马数量统计，每 3 d 统计 1 次，连续调查 10 次，根据 10 次调查结果计算种群平均密度。以平均单株虫量比值定级，即：平均单株虫量比值＝平均单株蓟马数量/全部观察材料的平均蓟马数量，共分为 5 个等级，详见表 2-1（朱铖培等，2011）。

表 2-1　蓟马抗性鉴定评级标准

项目	高抗（HR）	抗（R）	中（MR）	感（S）	高感（HS）
平均单株虫量比值	0~0.25	0.26~0.50	0.51~0.90	0.91~1.25	>1.25

2.5 监测预报技术

2.5.1 群落多样性概念

2.5.1.1 基本概念

群落多样性（Community diversity）：是指生态系统中生物种类的丰富性和多样性，包括物种多样性，遗传多样性以及生态系统多样性，群落多样性反映了生态系统的健康和稳定性。

生物群落（Biological community）：指占据一定空间、有着相似的自然资源需求的多个物种种群组成的集合体。

群落结构（Community structure）：是指在生物群落中，物种组成占据了不同空间，使群落具有一定结构，包括垂直结构和水平结构。

空间结构（Space structure）：是指一个群落内不同垂直高度或水平空间中物种组成的不同。

时间结构（Temporal structure）：是指农业生物类群在时间上的分布与发生演替。

营养结构（Nutrition structure）：是指群落内各种间的食物关系，决定着群落内的能量流与物质流。

群落的物理结构（Physical structure of community）：是指群落的外貌及其"机械"上的面貌。

群落的生物结构（Organic texture of community）：是指构成群落的物种组成和相对多角度、多样性、演替和群落中种间相互作用。群落的生物结构部分地取决于物理结构。

群落的稳定性（Stability of community）：是指群落在一段时间内维持物种间相互组合及各物种数量关系的能力，以及在受到来自外部或内部扰动的情况下恢复到原来平衡状态的能力。它包含了现状的稳定和时间过程的稳定。

种间竞争（Interspecific competition）：一般是指两种或更多种生物共同利用同一资源而产生的相互妨碍作用。

相互动态（Co-dynamics）：两个或多个种群在种群动态上的相互影响，即相互动态。

协同进化（Co-evolution）：彼此在进化过程中的相互适应，即协同进化。

群落交错区（Intersectional area）：在两个不同群落交界的区域，称为群落交错区，也叫生态交错区。

断裂状边缘、镶嵌状边缘（Fractured edge, mosaic edge）：过渡地带，这种过渡地带有的狭，有的宽，有的变化很突然，有的则表现为逐渐地过渡，或两种群落互相交错形成镶嵌状，前者称为断裂状边缘，后者称为镶嵌状边缘。

边缘效应（Edge effect）：在这种群落交错区中生物种类和种群密度增加的现象。

群落演替（Community succession）：指群落随着时间的推移而发生的有规律的变化，包括初生演替与次生演替。

生境（Habitat）：是生物个体、种群乃至群落所处的具体的环境，也就是特定区域上对生物起作用的生态因子的总和。

生物多样性（Biodiversity）：生物及其环境形成的生态复合体以及与此相关的各种生态过程的综合，即遗传多样性、物种多样性、生态系统多样性和景观多样性。

物种多样性（Species diversity）：指在一定时间和一定区域内所有生物（动物、植物、微生物）及其遗传变异和生态系统的复杂性总称。生物多样性包括遗传多样性、物种多样性和生态系统多样性。

生物多样性测度（Biodiversity measure）：将生态系统中生物多样性进行量化的指标即是生物多样性测度。

物种间优势（Advantage between species）：是指群落内不同种的数量间的相对比例。

群落的物种由优势种、亚优势种、伴生种、偶见种等组成。

优势种（Dominant species）：对群落的结构和群落环境的形成有明显控制作用的物种称为优势种。

亚优势种（Subdominant species）：指丰盛度与作用都次于优势种，但在决定群落性质和控制群落环境方面仍起着一定作用的物种。

伴生种（Companion species）：是指在群落中存在度和优势度大致相等而与特定群落无联系的确限度为二级的种类，与优势种常常相伴存在。

偶见种或罕见种（Casual species or strange species）：群落中出现频率很低的种类，往往是由于种群本身数量稀少的缘故。

物种均匀度（Species evenness）：指一群落或生境中全部物种个体数目的分配状况，反映各物种个体数目的分配均匀程度。

2.5.1.2　计算方法

蓟马群落特征计算公式如下。

Margalef 丰富度指数（D'）：

$$D' = \frac{S-1}{\ln N}$$

式中，D' 为丰富度指数，S 为调查总的物种数，N 为调查群落中总个体数。

Shannon-wiener 多样性指数（H'）：

$$H' = -\sum_{i=1}^{s} P_i \ln P_i$$

式中，H' 为多样性指数，P_i 为第 i 种个体数占总数个体数的比例。

Shannon-wiener 均匀度指数（E）：

$$E = \frac{H'}{\ln S}$$

式中，E 为均匀度指数。

Simpson 优势集中性指数（C）：

$$C = \sum_{i=1}^{s} P_i^2 = \sum_{i=1}^{s} (N_i/N)^2$$

式中，C 为优势集中性指数，N_i 为第 i 种总个体数。

相似系数（J）：

$$J(A,\ B) = \frac{|A \cap B|}{|A \cup B|}$$

式中，J 为相似系数，A、B 为两次调查物种数，相似系数 $0 \leqslant J < 0.25$ 时，两次调查结果为极不相似；当 $0.25 \leqslant J < 0.5$ 时，为中等不相似；当 $0.5 \leqslant J < 0.75$ 时，为中等相似；当 $0.75 \leqslant J < 1.0$ 时，为极相似。

用 N_n/N_p、N_d/N_p、S_n/S_p、S_d/S_p 值和多样性变异系数（d_s/d_m）反映节肢动物群落中天敌类群和中性类群对植食性类群的调控作用，d_s/d_m 值越小说明所在环境中节肢动物群落抗外界干扰能力越强。N_n/N_p 表示天敌类群个体数与植食性类群个体数比值；N_d/N_p 表示中性类群个体数与植食性类群个体数比值；S_n/S_p 表示天敌物种数与植食性类群物种数比值；S_d/S_p 表示中性类群物种数与植食性类群物种数比值；d_s/d_m 表示多样性指数标准差与多样性指数平均值的比值（蒋杰贤等，2011）。

2.5.1.3　其他计算公式

密度（Density）＝样地内的个体数/样地面积：

$$D = \frac{T}{S}$$

相对密度（Relative density）＝某个种的个体数/所有种的个体数：

$$100\, R_d = \frac{T_i}{T_t \times 100}$$

频度（Frequency）：F＝某个种出现的样方数/全部样方数×100

相对频度（Relative frequency）：指群落中或样地内某一物种的频度占所有物种频度之和的百分比（黄柳菁等，2017）。

相对频度＝某个种的频度/（所有种的总频度值×100）：

$$D_i = \frac{F_i}{\sum F \times 100}$$

物种相对丰度（Species relative abundance）：单个物种的个体数量在总群落中的占比，可用来衡量该物种对群落总多度影响的程度，是多样性指数计算的基础。

科级丰度（Family richness）：即昆虫群落中总共包含的科数。

群落相似性系数（Community similarity coefficient）：采用切干诺夫斯基提出的相似性系数（C）来计算：

$$C = \frac{2j}{a + b}$$

式中，j 为 A、B 两个群落中具有的相同物种数；a 为 A 群落中的物种数；b 为 B 群落中的物种数。

优势度 Y（Dominance）：以第 i 种昆虫的个体数 n_i 占所有昆虫的总体数（N）的比值，乘以该种在各个位置出现的频率 f_i 表示该种的优势度（Y）：

$$Y = \frac{n_i}{N} \times f_i$$

当 $Y \geq 0.05$ 时，即为该种植物上的优势种（袁准等，2015）。

群落生态优势度指数（Ecological concentration）分析利用群落优势集中指数，以 Simpson 优势集中性指数（C）表示：

$$C = \sum_{i=1}^{s} (P_i)^2$$

式中，S 为群落物种数；P_i 为相对丰盛度。

2.5.2　生态位监测

2.5.2.1　生态位概念

生态位（Ecological niche）：生态位是指某一种群的物理空间分布及其在群落内的结构和功能之间的关系（Whittaker *et al.*，1973）。

狭生态位：若现有的资源谱中，仅能利用一小部分资源，称为狭生态位。

广生态位：能利用很大部分资源的，称为广生态位。

2.5.2.2　生态位宽度计算方式

生态位宽度（Niche breadth）：指生物利用资源多样性的一个测度指标。Levin 提出的生态位宽度计算公式：

$$B_i = \frac{1}{S\sum_{i=1}^{n} P_i^2}$$

Hurlbert 提出的标准生态位宽度公式：

$$B = \frac{B_i - 1}{n - 1}$$

以上式中，S 为资源系列的等级数；B_i 为第 i 种蓟马的标准生态位宽度，其中 $B \leqslant 1$；n 为生态位资源等级数；P_i 为第 i 种蓟马的个体占总资源中所有蓟马个体总数的比例（徐汝梅和成新跃，2005；戈峰，2008）。

2.5.2.3　生态位重叠指数

生态位重叠：两个物种在同一资源位上的相遇频率。

生态位重叠指数：（对称 A 法，即 Pianka 生态位重叠指数）。

$$Q_{JK} = \frac{\sum_{i=1}^{n} P_{ij} P_{ik}}{\sqrt{\sum_{i=1}^{n} P_{ij}^2 \sum_{i=1}^{n} P_{ik}^2}}$$

式中，Q 是生态位重叠指数；P_{ij}、P_{ik} 等由种类 k 或 j 所利用的整个资源中第 i 种资源所占比例；n 是资源状态总数（徐克学，1999）。

生态位重叠指数公式（不对称 A 法，即 Levins 生态位重叠指数）：

$$L_{ij} = B \sum (P_{ik} \times P_{jk})$$

式中，L_{ij}为蓟马i和蓟马j的生态位重叠值；B为第i种蓟马的标准生态位宽度；P_{ik}、P_{jk}分别为蓟马i和蓟马j利用第k个资源单位的个体占总资源中对应蓟马总数的比例（李尚等，2016）。

2.5.3 空间分布概念及调查方法

2.5.3.1 空间分布概念

空间分布（Spatial distribution）：在不同条件下，不同种类生物在田间的分布形式。

空间分布型（也称空间格局）（Spatial distribution pattern）：是物种在一定空间的扩散分布形式，是昆虫种群重要的结构特征之一，其分布的形式由物种自身的生物学特性或生境条件所决定。

频次比较法（Comparative frequency analysis）：指将田间调查取得的实测值制成频次分布表，对实测频次分布与理论频次分布进行卡方检验，确定空间分布型。

Talyor 幂法则（Talyor method）：指利用方差的对数值与均数的对数值建立回归关系来研究空间分布型。

回归检验法（Test regression method）：是指根据平均拥挤度（m^*）与平均数（m）建立的回归模型来计算研究物种的空间分布型。

分布型指数法（Methods of distribution pattern index）：指利用聚集程度指标来确定空间分布型。

聚集度（Aggregation）：指根据系统调查所得数值计算每种植物上物种的平均密度m（头/株）和方差（S^2）。

2.5.3.2 调查方法

蓟马空间分布的调查方法与生态位相似，运用常见的调查方法（盘拍法、五点取样法、棋盘式取样法等），将获得的数据制作成频次分布表，然后根据空间分布的计算公式推算出蓟马的空间分布型。

【案例】不同植物上蓟马的时间生态位宽度和重叠指数

粉花绣线菊和紫苜蓿上西花蓟马生态位测定：每次调查时间间隔15 d，对开花植物花朵上的蓟马种类、数量进行调查，若遇雨天则延期1~3 d。每种开花植物设置3个取样地，每个取样地设置5组重复。调查采用五点取样法，各取样地随机选取5个样点，各样点随机选取5朵开花植物的花朵。随后将花朵放入自封袋，贴上标签，带回实验室进行种类鉴定。将各自封袋中

的花朵放入白瓷盘，把花朵上的蓟马抖落在白瓷盘中，用毛刷将蓟马迅速扫
入盛有质量分数为 75% 乙醇溶液的培养皿中。将培养皿置于解剖镜
（Ruihoge/睿鸿，RHST60-2L，南京南派科技有限公司生产）下观察或制作
成临时玻片对蓟马种类进行鉴定，主要观察蓟马的触角节数，各节的颜色及
体型等（满岳，2015）。

　　时间生态位宽度结果表明，西花蓟马在 3 种植物上的生态位宽度不同，
其中在白车轴草和粉花绣线菊上的生态位宽度值相似，处于较低水平；在紫
苜蓿上生态位宽度处于中等水平，比端大蓟马低，比黄蓟马和棕榈蓟马高。
从生态位重叠指数看，在同一植物种类上，同为优势种的蓟马种类间生态位
重叠指数不同。在白车轴草上，西花蓟马与黄蓟马的重叠值最高，其次是与
花蓟马和端大蓟马，与棕榈蓟马重叠值最小，对资源的竞争也最弱；在粉花
绣线菊上，西花蓟马与黄蓟马的重叠值最高，两种群间具有最佳的时间同步
性，其次是与棕榈蓟马，与华简管蓟马的重叠值最小，种间竞争强度相对减
小；在紫苜蓿上，西花蓟马与本地蓟马的重叠序列从小到大依次为：黄蓟马
0.545<端大蓟马 0.693<棕榈蓟马 0.749（表 2-2）。

表 2-2　不同植物上蓟马优势种的生态位宽度和重叠指数

植物种类	蓟马	生态位宽度	生态位重叠指数					
			$T.f$	$F.o$	$M.d$	$T.p$	$F.i$	$H.c$
白车轴草	$T.f$	0.769						—
	$F.o$	0.697	0.921					—
	$M.d$	0.855	0.840	0.710				—
	$T.p$	0.952	0.581	0.363	0.723			—
	$F.i$	0.837	0.871	0.782	0.938	0.645		—
粉花绣线菊	$T.f$	0.939			—		—	
	$F.o$	0.686	0.821		—		—	
	$T.p$	0.980	0.851	0.563	—		—	
	$H.c$	0.676	0.711	0.435	—	0.758	—	
紫苜蓿	$T.f$	0.788				—	—	
	$F.o$	0.823	0.545			—	—	
	$M.d$	0.956	0.870	0.693		—	—	
	$T.p$	0.785	0.791	0.749	0.811	—	—	

注：短横线"—"表示该纵轴上所对应的蓟马种类不属于对应横轴上植物种类的优势种。$T.f$
为黄蓟马，$F.o$ 为西花蓟马，$M.d$ 为端大蓟马，$T.p$ 为棕榈蓟马，$F.i$ 为花蓟马，$H.c$ 为华简管
蓟马。

2.5.3.3 空间分布计算方法

（1）空间分布型指数

聚集度（Aggregation）：是指根据系统调查数值计算每种植物上蓟马的平均密度 m（头/株）和方差（S^2），聚集度指标的计算分别采用以下公式：

Beall 提出的扩散系数（C）：

$$C = S^2/m$$

Cassie 指数（C_A）：

$$C_A = 1/k$$

式中，k 为负二项分布中参数。

Waters 提出负二项分布的参数 k 值法：

$$k = m^2/(S^2 - m)$$

当 $k<0$ 时为均匀分布，当 $0<k<8$ 时为聚集分布，当 k 值趋向于 ∞ 大时为随机分布。

Cassie 提出：

$$C_A = 1/K$$

David 和 Moore 提出的丛生指数（I）：

$$I = S^2/m - 1$$

L_a 指标：

$$L_a = m - m/S^2 + 1$$

式中，m 为样本平均数，S 为样本方差。当 $L_a/m = 1$ 时，为随机分布；当 $L_a/m > 1$ 时，为聚集分布；当 $L_a/m < 1$ 时，为均匀分布（张宏瑞等，2006；邢楚明等，2017）。

Lioyd 提出的平均拥挤度（m^*）：

$$m^* = m + S^2/m - 1$$

聚块性指数：

$$聚块性指数 = m^*/m$$

扩散型指数（I_δ）：

$$I_\delta = n \times \frac{\sum_{i=1}^{n} x_i(x_i - 1)}{N(N - 1)}$$

式中，n 为抽样数，N 为总虫数，x_i 为第 i 个样本中的虫口数。当种群的分布型呈 Poisson 分布时，指数值为 1。当种群的分布型呈聚集分布时，指数值大于 1。当种群的分布型呈均匀分布时，指数值小于 1。

聚集指数与空间分布的关系为：当种群为聚集分布时，$C>1$、$m^*/m>1$、$I>0$、$C_a>0$、$8>k>0$；当种群为均匀分布时，$C<1$、$m^*/m<1$、$I<0$、$Ca<0$、$k<0$；如果种群为随机分布时，$C=1$、$m^*/m=0$、$I=0$、$C_a=0$、$8<k\rightarrow\infty$。通过以上指标对西花蓟马种群的空间分布进行判断（路虹等，2007；王伟等，2016）。

（2）Iwao 回归分析法

Iwao 提出了平均拥挤度（m^*）与平均密度（m）间的直线回归关系：

$$m^* = \alpha + \beta m$$

式中，两个系数 α、β 为判断种群空间分布型的指标。α 为分布的性质，当 $\alpha>0$ 时个体成分为个体群，$\alpha=0$ 时为单个个体，$\alpha<0$ 时表明个体间相互排斥；β 作为基本成分的空间分布型，当 $\beta>1$ 时种群为聚集分布，$\beta=1$ 时种群为随机分布，$\beta<1$ 时种群为均匀分布（王小武等，2017）。

（3）Taylor 幂法则

Taylor 提出了平均密度（m）与方差（S^2）间的函数关系：

$$\lg S^2 = \lg a + b\lg m$$

式中，a、b 为两个参数，其中 a 为取样的统计因素，b 的生物学意义为所研究的种群聚集度对获得的种群密度依赖性的测度。若 $\lg a=0$，$b=1$，则种群在一定密度下呈现随机分布；若 $\lg a>0$，$b=1$，在一切种群密度下均呈聚集分布，但聚集度不随密度的改变而发生改变；若 $\lg a>0$，$b>1$，在任何种群密度下均为聚集分布，并且聚集度随着种群密度的增加而增大；当 $\lg a<0$，$b<1$，种群密度越高，分布越均匀（王小武等，2017）。

（4）聚集原因分析法

利用 Blackith 提出的种群聚集均数（λ）分析蓟马成虫在采集作物上的聚集原因。其计算公式为：

$$\lambda = m\gamma/2K$$

式中，m 为种群密度，K 为负二项分布的参数，γ 为 χ^2 分布表中设 $2K$ 为自由度，概率 $P=0.5$ 时对应的 χ^2 值。当 $\lambda\geq2$ 时，蓟马成虫聚集是蓟马本身的习性和环境因素共同造成的，$\lambda<2$ 时，蓟马聚集是环境因素引起的。

【案例】3 种植物上蓟马成虫的聚集度指标及空间分布型（王小武等，2017）

运用多种聚集度指标对 3 种植物花上蓟马成虫在夏季不同时间段进行空

间分布型分析，检测结果表明，蓟马成虫除了 7 月 29 日调查时在紫苜蓿上为均匀分布外，在 3 种植物的各种密度下均为聚集分布，其扩散系数 $C>1$、负二项分布参数 $0<K<8$、扩散指数 $C_a>0$、丛生指标 $I>0$、聚块指标 $m^*/m>1$（表 2-3）。

表 2-3 3 种植物花上蓟马成虫的聚集度指标

植物种类	日期/（月/日）	C	K	C_a	I	m^*	m^*/m
白车轴草	05/31	2.198	6.910	0.145	1.198	9.478	1.145
	06/17	1.759	5.111	0.196	0.759	4.639	1.196
	07/02	1.974	2.299	0.435	0.974	3.214	1.435
	07/16	1.287	1.532	0.653	0.287	0.727	1.653
	07/29	1.809	1.385	0.722	0.809	1.929	1.722
	08/16	1.378	6.781	0.147	0.378	2.938	1.147
	09/04	2.239	2.131	0.469	1.239	3.879	1.469
	09/15	2.300	1.231	0.813	1.300	2.900	1.813
粉花绣线菊	05/31	2.770	3.752	0.267	1.770	8.410	1.267
	06/17	1.862	4.500	0.222	0.862	4.742	1.222
	07/02	1.988	3.319	0.301	0.988	4.268	1.301
	07/16	1.525	6.249	0.160	0.525	3.805	1.160
	07/29	1.514	5.214	0.192	0.514	3.194	1.192
	08/16	2.974	2.330	0.429	1.974	6.574	1.429
	09/04	2.073	6.819	0.147	1.073	8.393	1.147
	09/15	1.788	5.686	0.176	0.788	5.268	1.176
紫苜蓿	05/31	1.769	2.394	0.418	0.769	2.609	1.418
	06/17	1.778	3.187	0.314	0.778	3.258	1.314
	07/02	2.160	1.586	0.630	1.160	3.000	1.630
	07/16	1.583	0.961	1.041	0.583	1.143	2.041
	07/29	0.806	-5.365	-0.186	-0.194	0.846	0.814
	08/16	1.495	2.343	0.427	0.495	1.655	1.427
	09/04	1.393	3.661	0.273	0.393	1.833	1.273
	09/15	1.698	1.548	0.646	0.698	1.778	1.646

注：C 为扩散系数，K 为负二项分布值，C_a 为扩散指数，I 为丛生指标，m^* 为平均拥挤度，m^*/m 为聚块指标。

用 Iwao 回归分析法和 Taylor 幂法则得到的蓟马回归式可以看出，在 3 个 Iwao 回归式中，$\beta>1$，$\alpha>0$，说明 3 种植物上蓟马成虫均为聚集分布，且蓟马成虫种群个体间相互吸引（表 2-4）。

在 Taylor 幂法则回归式中，$\lg a>0$，$b>1$，说明 3 种植物花上的蓟马成虫种群在一切密度下均为聚集分布，且聚集程度随密度升高而增大（表 2-4）。

表 2-4　3 种植物花上蓟马的空间分布 Iwao 及 Taylor 回归模型

植物种类	Iwao 回归方程	相关系数	Taylor 幂函数	相关系数
白车轴草	$y = 1.0933\,x + 0.6148$	0.996	$y = 1.1907\,x + 0.2088$	0.978
粉花绣线菊	$y = 1.1827\,x + 0.2361$	0.951	$y = 1.4623\,x + 0.0103$	0.880
紫苜蓿	$y = 1.3037\,x + 0.1606$	0.858	$y = 1.2264\,x + 0.1640$	0.844

结果表明，在调查的 3 种植物中，蓟马成虫 $\lambda > 2$，说明蓟马成虫在 3 种植物花上的分布是由蓟马本身的行为和环境因素共同作用引起的(表 2-5)。

表 2-5　3 种植物花上蓟马的聚集原因分析

植物种类	平均密度（头/株）	自由度	χ^2 值	聚集均数 λ
白车轴草	2.845	6.845	13.838	5.752
粉花绣线菊	4.520	9.467	17.568	8.387
紫苜蓿	1.430	2.579	7.046	3.908

2.5.4　抽样技术

抽样技术是统计学的一个分支学科，是研究抽样调查中的抽样方法及总体目标量估计方法（包括估计量的精度）的一门技术。按 Iwao 理论抽样模型、Iwao 序贯抽样模型和最大抽样数模型分别介绍如下。

2.5.4.1　Iwao 理论抽样模型

$$N = t^2 / D^2 \left[(\alpha + 1)/m + (\beta - 1) \right]$$

式中，N 为最适抽样数或理论抽样数；m 为平均密度；D 为允许误差；t 为置信度分布值；α 为基本扩散指数；β 为密度扩散系数。当 $\alpha > 0$ 时，个体间相互吸引，分布的基本成分是个体群；当 $\alpha = 0$ 时，分布的基本成分是单个个体；当 $\alpha < 0$ 时，个体间相互排斥。当 $\beta = 1$ 时，随机分布；当 $\beta < 1$ 时，均匀分布；当 $\beta > 1$ 时，聚集分布。

2.5.4.2　Iwao 序贯抽样模型

$$T_{(1,\,2)} = n\,m_0 \pm t \sqrt{n \left[(\alpha + 1)\,m_0 + (\beta - 1)\,m_0^2 \right]}$$

加号计算可得到害虫密度的上限值 T_1，减号计算可得到害虫密度的下限值 T_2。n 即抽样数，m_0 为防治指标，t 为置信度分布值，一般取 95% 置信区间即 $t = 1.96$；α 为基本扩散指数，β 为密度扩散系数。当 $\alpha > 0$ 时，个体间相互吸引，分布的基本成分是个体群；当 $\alpha = 0$ 时，分布的基本成分是单个个体；当 $\alpha < 0$ 时，个体间相互排斥。当 $\beta = 1$ 时，随机分布；当 $\beta < 1$ 时，均匀分布；当 $\beta > 1$ 时，聚集分布。田间调查时，若累计查得害虫数量大于上限值 T_1，说明害虫密度高于防治指标，需要进行防治；若累计查得害虫数量小于下限值 T_2，说明害虫密度低于防治指标，不需要防治；若累计查得害虫数量处于上下限值之间，需继续取样调查。

2.5.4.3 最大抽样数模型

$$N_{max} = \frac{t^2}{d^2\left[(\alpha + 1)\, m_0\right] + (\beta - 1)\, m_0^2}$$

式中，d 即允许误差；m_0、t、α、β 同 Iwao 序贯抽样模型参数。当田间调查到最大抽样数时，若累计查得害虫数量仍在上下限之间，则根据该点最靠近的界限值判断是否需要防治。

【案例】4 种蓟马理论抽样数

由 Iwao 提出的理论抽样计算结果表明，蓟马在不同作物上所需的抽样数随种群密度的增大而减少（表 2-6），西花蓟马、花蓟马、黄蓟马和烟蓟马在种群密度为 5 头/株时在萝卜上所需的抽样数分别为 274 株、239 株、235 株和 213 株（抽样误差 $D = 0.1$），当种群密度为 50 头/株时则为 108 株、61 株、62 株和 46 株（抽样误差 $D = 0.1$）。在抽样误差 $D = 0.1$ 时，相同的虫口密度下，同一种蓟马在不同作物上的抽样数不同，西花蓟马和烟蓟马在油菜上的密度为 5 头/株时抽样数最大，分别为 350 株和 266 株；花蓟马和黄蓟马则是在豌豆上密度为 5 头/株时抽样数最大，分别为 299 株和 331 株。当抽样误差 D 增大为 0.2 时，相同种群密度下蓟马在不同作物上的理论抽样数减小（表 2-6）。

表 2-6　不同作物上 4 种蓟马的理论抽样数　　　　　　　单位：株

蓟马种类	作物种类	不同虫口密度下的抽样数									
		$D = 0.1$					$D = 0.2$				
		5 头/株	10 头/株	20 头/株	30 头/株	50 头/株	5 头/株	10 头/株	20 头/株	30 头/株	50 头/株
西花蓟马	豌豆	198	129	94	83	74	50	32	24	21	18
	萝卜	274	182	136	120	108	69	45	34	30	27
	油菜	350	245	193	176	162	87	61	48	44	40

（续表）

蓟马种类	作物种类	不同虫口密度下的抽样数									
		$D=0.1$					$D=0.2$				
		5 头/株	10 头/株	20 头/株	30 头/株	50 头/株	5 头/株	10 头/株	20 头/株	30 头/株	50 头/株
花蓟马	豌豆	299	236	204	193	185	75	59	51	48	46
	萝卜	239	140	91	74	61	60	35	23	19	15
	油菜	285	234	208	200	193	71	59	52	50	48
黄蓟马	豌豆	331	247	204	190	179	83	62	51	48	45
	萝卜	235	139	91	75	62	59	35	23	19	15
	油菜	201	121	80	67	56	50	30	20	17	14
烟蓟马	豌豆	253	166	123	108	97	63	42	31	27	24
	萝卜	213	120	74	58	46	53	30	18	15	12
	油菜	266	165	114	97	83	66	41	28	24	21

2.6　种群生命表构建方法

昆虫的生命表对于研究昆虫在不同环境中的发育情况、不同阶段的存活和繁殖能力差异具有重要意义，昆虫生命表在预测害虫发生、探究昆虫的种群动态等方面起着至关重要的作用（Chi *et al.*，2020）。以不同龄期的生存状态构建特定年龄–阶段生存率（S_{xj}）和特定年龄存活率（l_x）可以客观地描述西花蓟马从卵到成虫死亡的全过程。

2.6.1　生命表概念

生命表（Life table）：是研究昆虫种群数量变动机制的重要方法，可描述昆虫世代种群增长的特征，反映不同条件下昆虫种群发展的差异。

性比（Sexual ratio）：是指雌雄异株种群中所有个体或某一龄级上的雌雄个体数目的比例，反映种群产生后代的潜力，在一定程度上影响着种群发展动态。

发育历期（Developmental duration）：指完成一定发育阶段所需的时间。

2.6.2　发育历期的测定方法

试验在人工气候箱中进行，人工气候箱（上海三腾仪器，LTC –

1000）条件设置如下：温度为（27±1）℃，相对湿度为65%～75%，光周期为 L：D=16：8，光照强度为 20 000 lx。

2.6.2.1 辣椒上西花蓟马发育历期的测定

将养虫笼中种植的无蓟马危害的开花辣椒植株移入蓟马养虫笼（1.2 m×1.2 m×1.2 m）中，每笼移入 10 盆共 30 株，让蓟马成虫在其花上产卵 24 h。再移走所有辣椒花上的蓟马成虫，采集带花的辣椒嫩梢转移到10 个玻璃培养皿（直径为 15 cm）中，用塑料保鲜膜封口，在封口膜上用昆虫针扎孔以保持空气流通。把培养皿放入气候箱内，分别在每天 8：00 和20：00 在解剖镜下观察若虫孵化情况，记录并估算卵期。将初孵 1 龄若虫 50头转移到小培养皿（直径为 3 cm）内，饲喂带花辣椒嫩梢，并在柄部裹上湿润棉花，培养皿缠绕上保鲜膜防止其逃逸。每隔 24 h 观察记录 1 次蓟马的发育和存活情况，并更换一次辣椒嫩梢。直到所有蓟马死亡，统计蓟马雌雄性比。试验重复 3 次，共 150 头。

2.6.2.2 杀虫剂处理后的西花蓟马发育历期的测定

蓟马后代生长发育的测定方法：在 3 个养虫笼中放入若干西花蓟马（雌性、雄性均有），分别用 11.00 mg/L 吡虫啉处理过的菜豆和对照菜豆饲养蓟马至 90 d 左右（约 3 代后）进行发育历期的测定。从饲养 90 d 左右养虫笼中收集蓟马的伪蛹，待伪蛹羽化后，用吸虫管收集同一天羽化的蓟马成虫用于蓟马繁殖力及子代性比的测定。

发育历期和繁殖力的测定方法：参照钱蕾等（2015）的方法并有所改进。将菜豆在清水中浸泡 30 s 后，取出菜豆在室温条件下晾干，再分别放入以上 3 个养虫笼中，让成虫在菜豆上产卵 12 h，用吸虫管移除菜豆上的蓟马成虫，将带卵的菜豆转移到直径 150 mm 玻璃培养皿中饲养。用保鲜膜将培养皿进行密封，为保证培养皿内的空气流通，用昆虫针在膜上均匀扎 40～50 个孔，将培养皿放入气候箱内，此时设定为蓟马的产卵时间，以此估算卵期。分别在每天 8：00 和 20：00 在解剖镜下观察卵的孵化情况，发现培养皿中有 1 龄若虫孵出时即开始后续试验；在培养皿（直径=25 mm）内放入清水浸泡过约 2 cm 长的菜豆，用细毛笔小心地挑取单头蓟马的若虫至培养皿内，为防止蓟马从培养皿中逃逸，培养皿盖子盖好并在接口处缠绕上保鲜膜，每隔 24 h 更换 1 次清水处理过的菜豆，每个对照和处理后的若虫分别观察 100 头，每隔 12 h 观察所有蓟马的发育情况和存活情况。试验重复4 次。

蓟马繁殖力及子代性比的测定方法：先在解剖镜下鉴别蓟马性别，然后分别取 100 对（雌：雄 = 1 : 1）成虫，将单对蓟马接入上述的培养皿中（直径为 25 mm），每隔 24 h 更换 1 次菜豆，每隔 12 h 观察 1 次雌雄成虫的存活和产卵情况，同时将已经产卵的菜豆继续在培养皿内保留 5 d 至卵全部孵化，在解剖镜下观察统计孵化出的 1 龄若虫数来估算成虫的产卵能力，直至成虫全部自然死亡；将孵化出来的若虫用清水浸泡菜豆饲养至成虫，记录子代的雌虫和雄虫的数量，统计雌雄数量比。试验重复 4 次。

根据 Chi 和 Liu（1985）的方法，计算如下。

特定年龄-阶段存活率（S_{xj}）（x = 年龄，j = 发育阶段），是指由一粒新产的卵孵化后存活到 x 年龄 j 阶段的概率。

特定年龄-阶段繁殖力（f_{xj}），是指雌成虫在 x 年龄 j 阶段所孵化的卵数。

特定年龄存活率（Age-specific survival rate）（l_x）的计算方法如下：

$$l_x = \sum_{j=1}^{m} S_{xj} f_{xj}$$

式中，m 是指发育阶段数。

特定年龄繁殖力（Age-specific fecundity）（m_x）的计算方法如下：

$$m_x = \frac{\sum_{j=1}^{m} S_{xj} f_{xj}}{\sum_{j=1}^{m} S_{xj}}$$

净繁殖率（Net reproductive rate）（R_0）是指个体在整个生活史中所产的总后代数量，计算方法如下：

$$R_0 = \sum_{x=0}^{\infty} l_x m_x$$

内禀增长率（Intrinsic rate of increase）（r）：指的是具有稳定年龄结构的种群最大瞬时增长率。该增长率需在特定的温度、湿度、光照和食物条件下测得。使用 iterative bisection 方法和 Euler-Lotka 方程计算，年龄从 0 开始（Goodman，1982），计算方法如下：

$$\sum_{x=0}^{\infty} e^{-r(X+1)} l_x m_x = 1$$

周限增长率（Finite rate）（λ）：指在一定时间期限内的总增长率。种群增长率是随时间变化的，因此瞬时增长率只能表示在此时的增长趋势，而周限增长率则可用于推算较长时间种群增长情况。计算方法如下：

$$\lambda = e^r$$

平均世代周期（T）：是指一个稳定年龄分布的种群增长 R_0 所需的时间（$e^{rt} = R_0$；$\lambda T = R_0$）。计算方法如下：

$$T = \frac{\ln R_0}{r}$$

特定年龄阶段的寿命期望（Age-stage-specific life expectancy）（e_{xy}），是指 x 年龄 y 阶段的个体预期存活时间，根据 Chi 和 Su（2006）计算方法如下：

$$e_{xy} = \sum_{i=x}^{n} \sum_{j=y}^{m} S'_{ij}$$

式中，S'_{ij} 是指 x 年龄 y 阶段的个体存活到 i 年龄 j 阶段的概率。

繁殖率值（Reproductive value）（v_{xy}）：是指 x 年龄 y 阶段的个体对未来种群数量的贡献率（Fisher，1930）。在两性生命表的某年龄阶段，其计算方法如下：

$$v_{xy} = \frac{e^{-r(X+1)}}{S_{xy}} \sum_{i=x}^{n} e^{-r(i+1)} \sum_{j=y}^{m} s'_{ij} f_{ij}$$

对照和处理组之间的比较用 Tukey-Kramer 方法。

种群加倍时间（DT）计算方法如下：

$$DT = \frac{\ln 2}{r_m}$$

总繁殖率（GRR）计算方法如下：

$$GRR = \sum m_x$$

根据上述计算公式，原始数据可使用 TWOSEX-MSChart 软件（Chi & Su，2006）完成相关运算。种群参数的平均值和标准误使用 bootstrap 法（Efron & Tibshirani，1993）进行运算。

本章主要参考文献

柴正群，可胜杰，黄吉，等，2016. 不同种植环境夏玉米田节肢动物群落特征及稳定性. 生态学杂志，35（12）：3306-3314.

陈俊谕，牛黎明，李磊，等，2017. 不同颜色粘虫板对花蓟马的田间诱集效果. 环境昆虫学报，39（5）：1169-1176.

付步礼，夏西亚，邱海燕，等，2019. 香蕉园黄胸蓟马成虫种群的活动节律、消长规律与空间分布. 生态学报，39（13）：4996-5004.

戈峰，2008. 昆虫生态学原理与方法. 北京：高等教育出版社：176-184.

韩运发，1997. 中国经济昆虫志：第五十五册，缨翅目. 北京：科学出版社：226-471.

黄柳菁，王齐，林丽丽，等，2017. 城市化背景下公园木本植物多样性的分布格局. 安徽农业大学学报，44（6）：1052-1059.

蒋杰贤，万年峰，季香云，等，2011. 桃园生草对桃树节肢动物群落多样性与稳定性的影响. 应用生态学报，22（9）：2303-2308.

雷仲仁，问锦曾，王音，2004. 危险性外来入侵害虫：西花蓟马的鉴别、危害及防治. 植物保护（3）：63-66.

李尚，王振兴，王建盼，等，2016. 白毫早和乌牛早茶园卵形短须螨和双斑长跗萤叶甲优势种天敌的差异. 华南农业大学学报，37（4）：38-45.

路虹，宫亚军，石宝才，等，2007. 西花蓟马在黄瓜和架豆上的空间分布型及理论抽样数. 昆虫学报（11）：1187-1193.

满岳，2015. 中国蓟马族的分类研究（缨翅目：蓟马科）. 杨凌：西北农林科技大学.

钱蕾，和淑琪，刘建业，等，2015. 在 CO_2 浓度升高条件下西花蓟马和花蓟马的生长发育及繁殖力比较. 环境昆虫学报，37（4）：701-709.

王伟，张仁福，刘海洋，等，2016. 新疆棉田牧草盲蝽的空间分布规律. 植物保护学报，43（6）：972-978.

王小武，丁新华，吐尔逊，等，2017. 新疆荒漠绿洲稻区稻水象甲幼虫、蛹的空间分布型及抽样技术. 西北农业学报，26（9）：1385-1394.

邢楚明，韩冬银，李磊，等，2017. 蓟马在芒果园田间的时空动态. 环境昆虫学报，39（6）：1258-1265.

徐克学，1999. 生物数学. 北京：科学出版社.

徐汝梅，成新跃，2005. 昆虫种群生态学：基础与前沿. 北京：科学出版社：3-13.

袁准，李毅，李育强，等，2015. 湖南长沙棉田节肢动物群落特征、动态及优势种生态位. 植物保护，41（2）：37-43.

张宏瑞，OKAJIMA S，MOUND LA，2006. 蓟马采集和玻片标本的制作. 昆虫知识，43（5）：725-728.

朱铖培，周福才，陈学好，等，2001. 不同品种黄瓜对蚜虫抗性的研究初报. 扬州大学学报（农业与生命科学版），32（3）：65-69.

CHI H，LIU H，1985. Two new methods for study of insect population ecology. Bulletin of the Institute of Zoology Academia Sinica，24：225-240.

CHI H，SU HY，2006. Age-stage, two-sex life tables of *Aphidius gifuensis* (Ashmead)（Hymenoptera：Braconidae）and its host *Myzus persicae* (Sulzer)（Homoptera：Aphididae）with mathematical proof of the relationship between female fecundity and the net reproductive rate. Environmental Entomology，35（1）：10-21.

EFRON B，TIBSHIRANI RJ，1993. An introduction to the bootstrap. Monographs on Statistics and Applied Probability，57：436.

FISHER，RA. 1930. The genetical theory of natural selection. Clarendon Press，Oxford.

GOODMAN D，1982. Optimal life histories, optimal notation, and the value of reproductive value. American Naturalist，119：803-823.

WHITTAKER RH，LEVIN SA，ROOT RB，1973. Niche, habitat, and ecotope. The American Naturalist. 107（955）：321-338.

ZHANG XM，LOVEI GL，FERRANTE M，*et al.*，2020. The potential of trap and barrier cropping to decrease densities of the whitefly *Bemisia tabaci* MED on cotton in China. Pest Management Science，76（1）：366-374.

3

西花蓟马的生物学研究

3.1 西花蓟马的生命表绘制

3.1.1 发育历期调查

以辣椒饲养西花蓟马为例，若虫分为 4 个龄期，其中 1 龄期最长，为 2.96 d，预蛹期最短，为 1.38 d。西花蓟马从卵期发育至成虫期平均需要经历 11.34 d，雌成虫寿命长于雄成虫寿命，其雌成虫平均寿命为 18.35 d，雄成虫平均寿命为 15.53 d，西花蓟马未成熟期占整个世代的 42.20%，雄成虫成熟期占整个世代的 57.80%（表 3-1）。

表 3-1　西花蓟马的发育历期

龄期	数量/头	西花蓟马发育历期/d	占总世代百分比/%
卵期	150	2.78±0.02	10.35
1 龄若虫	134	2.96±0.03	11.02
2 龄若虫	117	2.72±0.03	10.12
预蛹期	103	1.38±0.03	5.14
蛹期	95	1.5±0.03	5.58
未成熟虫期	95	11.34±0.08	42.20
雌成虫期	75	18.35±0.42	68.29
雄成虫期	20	15.53±0.58	57.80

3.1.2 存活率调查

西花蓟马各虫龄之间均存在不同程度的发育阶段重叠现象（图 3-1）。

且主要发生在相邻虫态，并且由于部分个体在低龄若虫期时发育时间较短，高龄若虫、成虫的发育阶段重叠更明显；西花蓟马所有虫态中，除卵期外，其余各个发育阶段特定年龄-阶段存活率（S_{xj}）均随发育时间的增加表现出先增加后下降的趋势。在西花蓟马成虫羽化后，西花蓟马雌成虫的存活率均明显高于雄成虫。西花蓟马由卵成功发育为雌、雄成虫的概率分别为46.67%和16.67%（图3-1）。

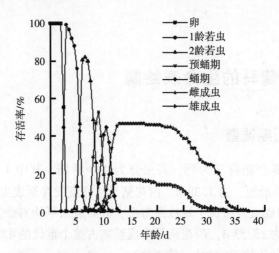

图3-1 西花蓟马的特定年龄-阶段存活率（S_{xj}）

3.1.3 繁殖力调查

特定年龄存活率（l_x）曲线可以反映西花蓟马取食辣椒后从出生至死亡的变化情况（图3-2）。西花蓟马整个发育阶段的存活率在18 d后开始下降。此时西花蓟马发育为成虫阶段，该阶段的累计存活率为63.33%。西花蓟马在37 d时当代全部死亡。特定年龄-阶段繁殖力（f_{xj}）和特定年龄繁殖力（m_x）能反映西花蓟马从开始产卵到死亡时间段内不同发育阶段和年龄的繁殖情况，其单位为个体在0.5 d内繁殖的平均值。西花蓟马的繁殖参数f_{xj}和m_x表现出先升高后下降的趋势，西花蓟马的f_{xj}在整个发育时间的16 d时达到最大值2.87，此时为西花蓟马的产卵高峰期（图3-2）。

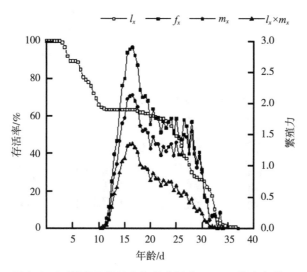

图 3-2　西花蓟马的特定年龄存活率（l_x）、特定年龄-
阶段繁殖力（f_{xj}）和特定年龄繁殖力（m_x）

3.2　吡虫啉处理下西花蓟马生命表构建

3.2.1　不同浓度吡虫啉处理下西花蓟马发育历期调查

两种不同浓度吡虫啉处理下，西花蓟马在相同虫态下的发育历期长度变化规律基本一致，对照的发育历期最长，171 mg/L 吡虫啉处理的发育历期最短。在所有的发育阶段中，以 1 龄若虫的发育历期最长，蛹期的发育历期最短（$F_{8,397}$=39.02，$P<0.000\,1$，图 3-3）。在两种浓度的吡虫啉处理后，1 龄若虫的发育历期均长于其他虫态的历期（$P<0.05$）。西花蓟马未成熟虫期的发育历期在经过取食 162 mg/L 和 171 mg/L 吡虫啉处理的菜豆后，与对照相比均显著缩短（$P<0.05$），其中 162 mg/L 吡虫啉处理后西花蓟马各龄期相比对照缩短的天数分别为：卵期 0.06 d、1 龄 0.08 d、2 龄 0.07 d、预蛹 0.08 d、蛹 0.10 d，整个未成熟虫期与对照相比缩短 0.39 d。171 mg/L 吡虫啉处理后西花蓟马各龄期相比对照缩短的天数分别为：卵期 0.10 d、1 龄 0.10 d、2 龄 0.08 d、预蛹 0.11 d、蛹 0.10 d，整个未成熟虫期缩短 0.49 d。

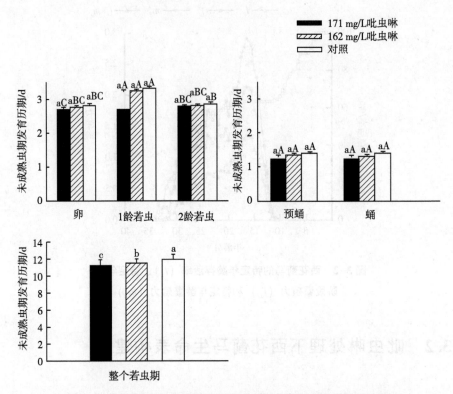

图 3-3　两种浓度吡虫啉处理下西花蓟马若虫种群发育历期比较

注：图柱上不同小写字母表示西花蓟马同一龄期或发育期在不同吡虫啉浓度处理之间差异显著（LSD，$P<0.05$），不同大写字母表示同一龄期或发育期在不同组别处理之间差异性显著（LSD，$P<0.05$）。

雌性西花蓟马的未成熟虫期明显短于雄性西花蓟马（$F_{5,97}=15.88$，$P<0.000\,1$），其中以取食 171 mg/L 吡虫啉处理菜豆后的西花蓟马雌性种群未成熟期发育历期缩短最为明显，此时的雌性种群发育历期比 171 mg/L 处理后雄性种群、162 mg/L 吡虫啉处理后的雌性和雄性种群历期分别缩短了 0.23 d、0.33 d、0.49 d（图 3-4）。与对照的发育历期相比，经过取食 162 mg/L（$F_{2,62}=11.16$，$P<0.000\,1$）和 171 mg/L（$F_{2,35}=20.38$，$P<0.000\,1$）吡虫啉处理菜豆后的西花蓟马雌若虫和雄若虫的发育历期均随吡虫啉的持续作用浓度的增加而显著缩短。

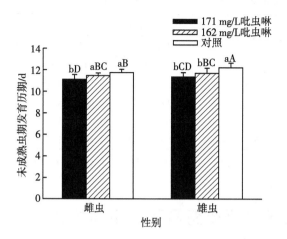

图 3-4　两种浓度吡虫啉处理后西花蓟马雌雄若虫种群发育历期比较

注：图柱上不同小写字母表示西花蓟马同一性别在不同吡虫啉浓度处理之间差异显著（LSD，$P<0.05$），不同大写字母表示雌雄两性在不同组别之间差异显著性（LSD，$P<0.05$）。

3.2.2　不同浓度吡虫啉处理下西花蓟马繁殖力调查

如表 3-2 所示，西花蓟马在取食两种吡虫啉浓度处理的菜豆后，繁殖力存在差异。162 mg/L 和 171 mg/L 吡虫啉处理后，西花蓟马雌成虫平均寿命均稍短于对照，且 171 mg/L 吡虫啉处理后西花蓟马雌虫的寿命最短，为18.09 d。雌虫平均产卵期与对照相比显著缩短，171 mg/L 吡虫啉处理雌虫产卵期与对照相比缩短了 2.31 d。162 mg/L 和 171 mg/L 吡虫啉处理后西花蓟马的单雌平均产卵量分别为 64.16 粒和 69.02 粒，与对照相比均显著增加，分别增加了 5.0% 和 12.9%。162 mg/L 和 171 mg/L 吡虫啉处理后，西花蓟马雌成虫的死亡率与对照相比分别提高了 10.5% 和 22.6%，分别为56.6% 和 68.4%。

在 162 mg/L 和 171 mg/L 吡虫啉处理后西花蓟马雄成虫的寿命明显缩短，与对照相比两种处理的雄成虫寿命分别缩短 0.41 d 和 2.64 d。吡虫啉处理后，西花蓟马雄成虫的寿命略长于雌成虫寿命，162 mg/L 吡虫啉处理后雄成虫寿命比雌成虫寿命长 0.11 d（$F_{2,6}=1.89$，$P=0.577\,6$），171 mg/L 吡虫啉处理后雄成虫寿命比雌成虫寿命长 1.06 d（$F_{2,6}=9.05$，$P<0.000\,1$）。

表 3-2　两种浓度吡虫啉处理下西花蓟马成虫的繁殖力

| 参数 | 对照 | 吡虫啉浓度 | | One way ANOVA | | |
		162 mg/L	171 mg/L	F	P	df
雌成虫寿命/d	21.76±0.35 a	21.27±0.25 a	18.09±0.40 b	28.01	<0.000 1	2,62
雄成虫寿命/d	21.79±0.25 a	21.38±0.30 a	19.15±0.24 b	10.17	<0.000 1	2,37
平均产卵期/d	17.26±0.37 a	16.11±0.55 b	14.95±0.54 b	5.45	0.007 0	2,54
雌平均产卵量/个	61.11±1.01 c	64.16±1.09 b	69.02±1.45 a	11.00	<0.000 1	2,54
雌日均产卵量/个	3.53±0.34 b	4.16±0.36 ab	4.89±0.31 a	4.92	0.042 2	2,54

注：同行不同字母分别表示同一指标组内的差异显著性（LSD，$P<0.05$）。

3.3　吡虫啉对西花蓟马和花蓟马的竞争取代影响

西花蓟马传入我国后常与花蓟马同时发生，从空间生态位上来看，两种害虫共同的寄主种类非常多，如各种蔬菜、果树、花卉等农作物，且都危害植物的花朵及幼嫩部分；西花蓟马发生世代重叠、繁殖力强、种群增长迅速，目前对其的防治主要依赖于化学防治，而大量化学杀虫剂的使用，导致种群的抗药性迅速上升，引起种群再猖獗（陈雪林等，2011）。

昆虫体内的羧酸酯酶（carboxylesterase，CarE）、乙酰胆碱酯酶（acetyl-cho-linesterase，AchE）和微粒体多功能氧化酶（micro-somal mixed-function oxidases，MFO）是重要的 3 种解毒酶系，能够在昆虫生命过程中代谢大量的外源毒素，成为昆虫适应不良环境的重要工具。超氧化物歧化酶（superoxide dismutase，SOD）、过氧化物酶（peroxidase，POD）和过氧化氢酶（catalase，CAT）是昆虫体内 3 种防御氧化及损伤的重要保护酶，在昆虫体内广泛分布且对外界环境变化的反应也较敏感（王莹等，2016）。大量研究表明，杀虫剂对昆虫保护酶系统均有不同程度的影响，该酶系活性的变化或与昆虫的中毒死亡有关，或与昆虫抗药性的形成有关，而解毒酶对分解外源毒素、维持昆虫本身正常的生理代谢起着重要作用。

3.3.1　吡虫啉对西花蓟马和花蓟马体内解毒酶活性的影响

三因素方差分析结果表明，西花蓟马和花蓟马体内羧酸酯酶、乙酰胆碱酯酶和微粒体多功能氧化酶活性修正模型（Corrected Model）F 值分别为 35.94、25.00 和 13.96，相伴概率均小于0.000 1，吡虫啉处理和对照的各项指标比较，差异达到极显著水平，所选模型具有统计学意义。其中寄主植物种类、吡虫啉处理、蓟马种类、寄主植物种类×吡虫啉处理以及寄主植物种类×蓟马种类对羧酸酯酶活性均有显著影响（分别为：$F_{1,32} = 116.82$，$P < 0.000\ 1$；$F_{1,32} = 90.72$，$P < 0.000\ 1$；$F_{1,32} = 39.86$，$P < 0.000\ 1$；$F_{3,32} = 8.3$，$P = 0.001\ 1$；$F_{3,32} = 4.76$，$P = 0.014\ 7$），寄主植物种类、吡虫啉处理、蓟马种类和寄主植物种类×蓟马种类均对乙酰胆碱酯酶活性有显著影响（分别为：$F_{1,32} = 71.16$，$P < 0.000\ 1$；$F_{1,32} = 11.21$，$P = 0.001\ 9$；$F_{1,32} = 104.47$，$P < 0.000\ 1$；$F_{3,32} = 104.47$，$P = 0.011\ 7$）；寄主植物种类、吡虫啉处理和蓟马种类对微粒体多功能氧化酶活性均有显著影响（分别为：$F_{1,32} = 55.32$，$P < 0.000\ 1$；$F_{1,32} = 11.75$，$P = 0.001\ 5$；$F_{1,32} = 22.8$，$P < 0.000\ 1$）。蓟马种类×吡虫啉处理和寄主植物种类×蓟马种类×吡虫啉处理对3种解毒酶活性均无显著差异（表3-3）。

表3-3 解毒酶活性的三因素方差分析

因素	羧酸酯酶活性			乙酰胆碱酯酶活性			微粒体多功能氧化酶活性		
	df	F	P	df	F	P	df	F	P
寄主植物种类	2	116.82	<0.000 1	2	71.16	<0.000 1	2	55.32	<0.000 1
吡虫啉处理	1	90.72	<0.000 1	1	11.21	0.001 9	1	11.75	0.001 5
蓟马种类	1	39.86	<0.000 1	1	104.47	<0.000 1	1	22.8	<0.000 1
寄主植物种类×吡虫啉处理	2	8.3	0.001 1	2	2.59	0.088 8	2	0.7	0.408 4
寄主植物种类×蓟马种类	2	4.76	0.014 7	2	5.04	0.011 7	2	1.77	0.185 4
蓟马种类×吡虫啉处理	1	0.42	0.523 3	1	1.21	0.279 6	1	0.7	0.408 4
寄主植物种类×蓟马种类×吡虫啉处理	2	2.28	0.117	2	0.27	0.764 6	2	0.53	0.594 3

3.3.1.1 羧酸酯酶活性的变化

吡虫啉处理后对3种寄主植物上的西花蓟马和花蓟马成虫体内羧酸酯酶活性的影响如图3-5（A，B）所示，两种蓟马成虫体内的羧酸酯酶活性均升高，但升高的程度有差别。①取食吡虫啉处理后的四季豆、菊花、玫瑰花上的西花蓟马体内羧酸酯酶活性与对照相比分别升高9.10%（$F_{1,6} = 6.89$，$P = 0.039\ 3$）、33.21%（$F_{1,6} = 24.62$，$P = 0.002\ 5$）和20.77%（$F_{1,6} = 25.37$，$P = 0.024$）；花蓟马体内的羧酸酯酶活性与对照相比分别升高10.00%（$F_{1,6} = 4.82$，$P = 0.070\ 7$）、20.83%（$F_{1,6} = 17.08$，$P = 0.006\ 1$）和28.98%（$F_{1,6} = 17.56$，$P = 0.005\ 7$）。对照中玫瑰花上西花蓟马的羧酸酯酶活性显著高于四季豆和菊花上的羧酸酯酶活性（$F_{2,9}=18.04$，$P=0.0007$），而吡虫啉处理后玫瑰花上的西花蓟马体内羧酸酯酶活性高于四季豆和菊花上的羧酸酯酶活性，菊花上西花蓟马体内羧酸酯酶活性高于四季豆（$F_{2,9}=38.14$，$P<0.0001$）。②3种寄主植物上的花蓟马体内羧酸酯酶活性也表现出与西花蓟马一致的变化规律，即对照中玫瑰花显著高于菊花和四季豆，菊花和四季豆上的花蓟马体内羧酸酯酶活性无显著差异（$F_{2,9}=18.17$，$P=0.0007$），吡虫啉处理后3种寄主植物上的花蓟马体内羧酸酯酶活性差异显著，玫瑰花最高，四季豆最低（$F_{2,9}=58.85$，$P<0.0001$）。处理和对照中3种寄主植物上的两种蓟马体内羧酸酯酶活性变化，均是玫瑰花>菊花>四季豆，吡虫啉处理和对照中，相同寄主植物上的两种蓟马体内羧酸酯酶活性表现，均为西花蓟马>花蓟马。吡虫啉处理后，菊花上西花蓟马体内的羧酸酯酶活性与升高程度最高；而玫瑰花上的花蓟马体内羧酸酯酶活性升高最快。四季豆上的两种蓟马羧酸酯酶活性升高程度最低。

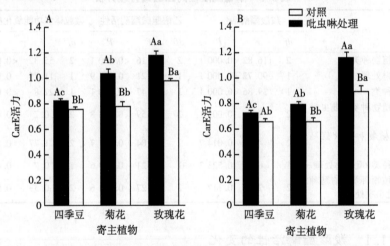

**图3-5 吡虫啉处理对不同寄主植物上的西花蓟马（A）和
花蓟马（B）成虫体内羧酸酯酶（CarE）活性的影响**

注：图中数值为平均值+标准误；柱上不同小写字母表示相同吡虫啉浓度作用下不同寄主植物间酶活性的差异显著性（LSD，$P<0.05$），不同大写字母表示相同寄主不同吡虫啉浓度下酶活性间的差异显著性（LSD，$P<0.05$）。

3.3.1.2 乙酰胆碱酯酶活性的变化

吡虫啉处理后，两种蓟马成虫体内的乙酰胆碱酯酶活性均升高，但升高的程度有差别。吡虫啉处理后四季豆、菊花、玫瑰花上西花蓟马体内的乙酰胆碱酯酶活性与对照相比分别升高 5.67%（$F_{1,6} = 0.65$，$P = 0.450\,2$）、10.80%（$F_{1,6} = 40.10$，$P = 0.000\,7$）和 21.43%（$F_{1,6} = 10.00$，$P = 0.019\,5$）；花蓟马体内的乙酰胆碱酯酶活性与对照相比，分别升高 6.33%（$F_{1,6} = 0.20$，$P = 0.668\,4$）、4.00%（$F_{1,6} = 4.58$，$P = 0.076\,2$）和 16.95%（$F_{1,6} = 3.98$，$P = 0.093\,0$）。对照中玫瑰花和菊花上西花蓟马的乙酰胆碱酯酶活性显著高于四季豆（$F_{2,9} = 20.17$，$P = 0.000\,5$），而吡虫啉处理后玫瑰花上的西花蓟马体内乙酰胆碱酯酶活性高于菊花和四季豆，菊花上的体内乙酰胆碱酯酶活性高于四季豆（$F_{2,9} = 16.84$，$P = 0.000\,9$）。3 种寄主植物上的花蓟马体内乙酰胆碱酯酶活性也表现出一致的变化规律，即对照中玫瑰花上花蓟马的活性显著高于菊花和四季豆上的活性，菊花上的乙酰胆碱酯酶活性高于四季豆（$F_{2,9} = 17.95$，$P = 0.000\,7$）。吡虫啉处理后 3 种寄主植物上的花蓟马体内乙酰胆碱酯酶活性以玫瑰花上的最高，四季豆的最低（$F_{2,9} = 43.00$，$P < 0.000\,1$）。处理和对照中，3 种寄主植物上两种蓟马体内乙酰胆碱酯酶活性，均是玫瑰花>菊花>四季豆；相同寄主植物上的两种蓟马体内乙酰胆碱酯酶活性变化，均为西花蓟马>花蓟马。玫瑰花上两种蓟马体内的乙酰胆碱酯酶活性升高程度最高（图 3-6A，B）。

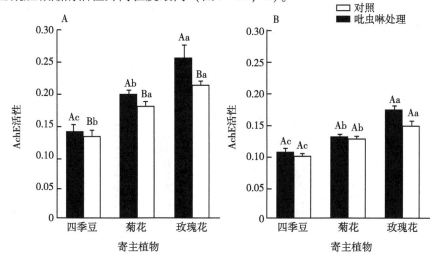

图 3-6　吡虫啉处理对不同寄主植物上的西花蓟马（A）和花蓟马（B）成虫体内乙酰胆碱酯酶（AchE）活性的影响

注：图中数值为平均值+标准误；柱上不同小写字母表示相同吡虫啉浓度作用下不同寄主植物间酶活性的差异显著性（LSD，$P < 0.05$），不同大写字母表示相同寄主不同吡虫啉浓度下酶活性间的差异显著性（LSD，$P < 0.05$）。

3.3.1.3 微粒体多功能氧化酶活性的变化

吡虫啉处理后四季豆、菊花、玫瑰花上西花蓟马体内的微粒体多功能氧化酶活性与对照相比分别升高 5.80% ($F_{1,6}=0.67$, $P=0.445\,2$)、2.79% ($F_{1,6}=0.61$, $P=0.463\,3$) 和 6.51% ($F_{1,6}=1.27$, $P=0.302\,3$);花蓟马体内的微粒体多功能氧化酶活性与对照相比分别升高 4.14% ($F_{1,6}=0.93$, $P=0.373\,0$)、6.66% ($F_{1,6}=3.13$, $P=0.127\,5$) 和 16.36% ($F_{1,6}=11.89$, $P=0.013\,7$)。对照中玫瑰花上西花蓟马的微粒体多功能氧化酶活性显著高于菊花,菊花上的微粒体多功能氧化酶活性显著高于四季豆 ($F_{2,9}=13.65$, $P=0.001\,9$),而吡虫啉处理后玫瑰花上的西花蓟马体内微粒体多功能氧化酶活性在三者中最高,菊花和四季豆上的无显著差异 ($F_{2,9}=14.35$, $P=0.001\,6$);对照中玫瑰花和菊花上的花蓟马体内微粒体多功能氧化酶活性显著高于四季豆 ($F_{2,9}=8.40$, $P=0.008\,8$),吡虫啉处理后玫瑰花上的花蓟马体内微粒体多功能氧化酶活性显著高于菊花和四季豆,而菊花和四季豆上的活性无差异 ($F_{2,9}=23.32$, $P=0.000\,3$)。处理和对照中,3 种寄主植物上的两种蓟马体内微粒体多功能氧化酶活性变化,均是玫瑰花>菊花>四季豆;相同寄主植物上的两种蓟马体内微粒体多功能氧化酶活性变化,均为西花蓟马>花蓟马。吡虫啉处理后,玫瑰花上的两种蓟马体内的微粒体多功能氧化酶活性升高程度最高(图 3-7A,B)。

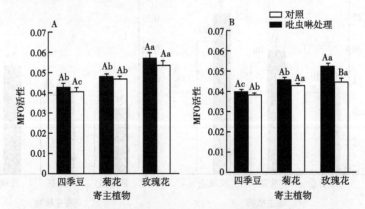

**图 3-7 吡虫啉处理对不同寄主植物上的西花蓟马(A)和
花蓟马(B)成虫体内微粒体多功能氧化酶(MFO)活性的影响**

注:图中数值为平均值+标准误;柱上不同小写字母表示相同吡虫啉浓度作用下不同寄主植物间酶活性的差异显著性(LSD, $P<0.05$),不同大写字母表示相同寄主不同吡虫啉浓度下酶活性间的差异显著性(LSD, $P<0.05$)。

3.3.2　吡虫啉对西花蓟马和花蓟马体内保护酶活性的影响

三因素方差分析结果表明，2 种蓟马体内超氧化物歧化酶、过氧化氢酶和过氧化物酶活性修正模型（Corrected Model）F 值分别为 33.52、110.41和 33.37，相伴概率均小于 0.000 1，吡虫啉处理和对照间的各项指标比较差异达到极显著水平，所选模型具有统计学意义。其中寄主植物种类、吡虫啉处理以及寄主植物种类×吡虫啉处理对超氧化物歧化酶活性有显著影响（分别为：$F_{1,32}=60.6$，$P<0.000\,1$；$F_{1,32}=177.13$，$P<0.000\,1$；$F_{3,32}=28.4$，$P<0.000\,1$），寄主植物种类、吡虫啉处理、蓟马种类以及寄主植物种类×蓟马种类对过氧化氢酶和过氧化物酶活性均有显著影响（过氧化氢酶：$F_{1,32}=56.09$，$P<0.000\,1$；$F_{1,32}=103.16$，$P<0.000\,1$；$F_{1,32}=781.43$，$P<0.000\,1$；$F_{3,32}=104.04$，$P<0.000\,1$。过氧化物酶：$F_{1,32}=46.45$，$P<0.000\,1$；$F_{1,32}=90.82$，$P<0.000\,1$；$F_{1,32}=148.83$，$P<0.000\,1$；$F_{3,32}=15.87$，$P<0.000\,1$）。蓟马种类×吡虫啉处理和寄主植物种类×蓟马种类×吡虫啉处理对3 种保护酶的活性均无显著差异（表3-4）。

表 3-4　保护酶活性的三因素方差分析

因素	超氧化物歧化酶活性			过氧化氢酶活性			过氧化物酶活性		
	df	F	P	df	F	P	df	F	P
寄主植物种类	2	60.6	<0.000 1	2	56.09	<0.000 1	2	46.45	<0.000 1
吡虫啉处理	1	177.13	<0.000 1	1	103.16	<0.000 1	1	90.82	<0.000 1
蓟马种类	1	0.16	0.692 5	1	781.43	<0.000 1	1	148.83	<0.000 1
寄主植物种类×吡虫啉处理	2	28.4	<0.000 1	2	1.03	0.366	2	0.9	0.414 9
寄主植物种类×蓟马种类	2	1.87	0.169	2	104.04	<0.000 1	2	15.87	<0.000 1
蓟马种类×吡虫啉处理	1	3.35	0.075 6	1	0.09	0.766 4	1	0.31	0.579 3
寄主植物种类×蓟马种类×吡虫啉处理	2	3.2	0.052 8	2	2.77	0.050 7	2	0.32	0.728 3

3.3.2.1　超氧化物歧化酶（SOD）活性的变化

玫瑰花、菊花和四季豆上的西花蓟马、花蓟马成虫体内超氧化物歧化酶的活性在吡虫啉处理后均降低，分别降低：四季豆 17.15%（$F_{1,6}=25.24$，$P=0.002\,4$）、菊花 25.19%（$F_{1,6}=27.51$，$P=0.001\,9$）和玫瑰花 44.27%（$F_{1,6}=140.29$，$P<0.000\,1$）。吡虫啉处理后，3 种植物上的花蓟马体内超氧

化物歧化酶的活性分别降低：四季豆 13.47%（$F_{1,6}=5.22$，$P=0.062\ 3$）、菊花 4.48%（$F_{1,6}=0.84$，$P=0.395\ 1$）和玫瑰花 49.54%（$F_{1,6}=93.06$，$P<0.000\ 1$）。对照中，3 种寄主植物上的西花蓟马体内超氧化物歧化酶的活性以大豆上的最高，菊花和玫瑰花上的无显著差异（$F_{2,9}=6.08$，$P=0.021\ 3$）。吡虫啉处理后，四季豆上的西花蓟马种群体内超氧化物歧化酶的活性显著高于菊花和玫瑰花种群体内活性，菊花上的西花蓟马成虫体内超氧化物歧化酶的活性显著高于玫瑰花上的活性（$F_{2,9}=47.52$，$P<0.000\ 1$）。对于花蓟马成虫而言，对照中 3 种寄主植物饲养花蓟马体内超氧化物歧化酶的活性以大豆上的最高，菊花和玫瑰花上的活性无显著差异（$F_{2,9}=9.40$，$P=0.006\ 2$）。吡虫啉处理后，四季豆和菊花上花蓟马成虫种群体内超氧化物歧化酶的活性显著高于玫瑰花上的种群体内活性，四季豆和菊花上的活性无显著差异（$F_{2,9}=32.06$，$P<0.000\ 1$）。两种蓟马成虫体内超氧化物歧化酶活性与对照相比均是玫瑰花上的种群降低程度最大（表 3-5）。

3.3.2.2 过氧化氢酶（CAT）活性的变化

玫瑰花、菊花和四季豆上的西花蓟马、花蓟马成虫体内过氧化氢酶的活性在吡虫啉处理后均升高，对照相比分别升高：四季豆 35.34%（$F_{1,6}=47.61$，$P=0.000\ 5$），菊花 19.82%（$F_{1,6}=15.04$，$P=0.008\ 2$）和玫瑰花 10.54%（$F_{1,6}=6.30$，$P=0.045\ 9$）。吡虫啉处理后，3 种植物上的花蓟马体内过氧化氢酶的活性与对照相比分别降低：四季豆 9.09%（$F_{1,6}=33.21$，$P=0.001\ 2$）、菊花 11.96%（$F_{1,6}=5.72$，$P=0.053\ 9$）和玫瑰花 17.82%（$F_{1,6}=34.78$，$P=0.001\ 1$）。对照中，3 种寄主植物上的西花蓟马体内过氧化氢酶的活性以玫瑰花上的最高，菊花和四季豆上的西花蓟马种群间过氧化氢酶的活性无显著差异（$F_{2,9}=21.13$，$P=0.000\ 4$）。吡虫啉处理后，玫瑰花上的西花蓟马成虫种群体内过氧化氢酶的活性显著高于菊花上的（$F_{2,9}=6.11$，$P=0.033\ 9$）。对于花蓟马成虫而言，对照中四季豆上的体内过氧化氢酶的活性显著高于菊花和玫瑰花上的，菊花和玫瑰花上的活性无显著差异（$F_{2,9}=85.12$，$P<0.000\ 1$）（表 3-5）。

3.3.2.3 过氧化物酶（POD）活性的变化

玫瑰花、菊花和四季豆上的西花蓟马、花蓟马成虫体内过氧化物酶的活性在吡虫啉处理后均有不同程度的升高（表 3-5），分别升高：四季豆 28.10%（$F_{1,6}=4.19$，$P=0.086\ 6$），菊花 39.91%（$F_{1,6}=11.82$，$P=0.013\ 8$）和玫瑰花 36, 24%（$F_{1,6}=37.49$，$P=0.000\ 9$）。3 种植物上的花蓟马体内过氧化物酶的活性与对照相比分别降低：四季豆 26.26%（$F_{1,6}=$ 259.42，$P<0.0001$），菊花 30.32%（$F_{1,6}=173.76$，$P<0.0001$）和玫瑰花 21.65%（$F_{1,6}=22.30$，$P=0.0033$）。对照（$F_{2,9}=39.92$，$P<0.0001$）和处理（$F_{2,9}=8.10$，$P=0.0097$）中，3 种寄主植物上的西花蓟马体内过氧化物酶的活性以四季豆花上的最高，菊花和玫瑰花上的无显著差异。对于花蓟马成虫而言，对照（$F_{2,9}=32.14$，$P<0.0001$）和处理（$F_{2,9}=53.01$，$P<0.0001$）中均以四季豆和菊花上的体内过氧化物酶的活性显著高于玫瑰花上的，四季豆和菊花上的活性无显著差异（表3-5）。

表3-5 吡虫啉对不同寄主植物上的西花蓟马和花蓟马体内保护酶活性的影响

蓟马种类	寄主植物	保护酶	酶活性	
			对照	吡虫啉
西花蓟马	四季豆	超氧化物歧化酶	31.26±2.74 aA	25.9±0.76 aB
		过氧化氢酶	11.45±0.33 bB	15.5±0.56 abA
		过氧化物酶	15.60±0.57 aA	19.96±2.06 aA
	菊花	超氧化物歧化酶	27.00±1.08 bA	20.20±0.72 bB
		过氧化氢酶	12.55±1.42 bB	15.04±1.21 bA
		过氧化物酶	9.84±0.66 bB	13.77±.093 bA
	玫瑰花	超氧化物歧化酶	28.38±0.78 bA	15.81±0.72 cB
		过氧化氢酶	15.07±0.45 aB	16.65±0.45 aA
		过氧化物酶	9.60±0.33 bB	13.08±0.46 bA
花蓟马	四季豆	超氧化物歧化酶	30.63±1.04 aA	26.5±1.47 aA
		过氧化氢酶	24.83±1.75 aB	27.09±1.18 aA
		过氧化物酶	17.90±0.15 aB	22.06±0.25 aA
	菊花	超氧化物歧化酶	25.13±0.98 bA	24.00±1.45 aA
		过氧化氢酶	17.87±0.59 bA	20.01±0.67 cA
		过氧化物酶	17.62±0.26 aB	22.97±2.31 aA
	玫瑰花	超氧化物歧化酶	27.25±0.93 bA	13.75±1.25 bB
		过氧化氢酶	18.31±0.26 bB	21.58±0.49 bA
		过氧化物酶	14.80±0.43 bB	18.00±0.52 bA

注：表中数值为平均值±标准误。同列数据后不同小写字母表示同种蓟马在取食不同寄主植物时体内同种保护酶活性在相同处理中的差异显著性，同行数据后不同大写字母表示同种蓟马在取食同种植物时对照和处理间的差异显著性（LSD 检验，$P<0.05$）。

吡虫啉处理和蓟马种类是引起蓟马体内 3 种保护酶活性变化的主要因素，而寄主植物是影响 SOD 和 CAT 活性升高的主要原因。与本地近缘种花蓟马相比，入侵种西花蓟马具有更大的生理耐受性和更广泛的生态适应性（Baez *et al.*，2011）。

3.4 西花蓟马与其他近缘种的比较

3.4.1 西花蓟马与烟蓟马的生物学特点研究

西花蓟马的寄主包含了许多重要的经济作物，特别是花卉以及温室温室中的茄果类作物受到西花蓟马的危害最严重。烟蓟马的寄主植物没有西花蓟马广，主要是洋葱、棉花和一些观赏性植物（Tommasni et al., 1995）。烟蓟马在洋葱和韭菜等石蒜科作物上的种群数量会比较多，也会对甘蓝造成很大的经济损失。携带番茄斑萎病毒（谢永辉等，2013）的同时，烟蓟马也可作为鸢尾黄斑病毒（Iris yellow spot virus, IYSV）的载体。鸢尾黄斑病毒对作物的伤害很大，影响作物的品质和产量，造成严重的经济损失。

在 25℃ 条件下，西花蓟马的卵期、蛹期、总发育历期显著短于烟蓟马（王建立等，2011）。王林林等（2013）的研究表明在低温环境下西花蓟马和烟蓟马的耐寒能力不同，研究结果显示在 13℃ 条件下，西花蓟马可以继续产卵，而烟蓟马不能产卵，说明西花蓟马的耐寒性强于烟蓟马。

西花蓟马和烟蓟马对农药的敏感性也不相同。前人研究表明在药剂作用的状态下烟蓟马的耐药性比西花蓟马弱（Su et al., 2012）。Zhao 等（2017）研究表明在阿维菌素和高效氯氰菊酯这两种农药的作用下，西花蓟马取代烟蓟马成为绝对的优势种。胡昌雄等（2018）研究表明在药剂作用下西花蓟马具有更强的适应能力。

3.4.2 西花蓟马与黄胸蓟马的寄主选择比较分析

黄胸蓟马（Thrips hawaiiensis）是本地栖花害虫，寄主也比较广泛，在沿海地区造成危害并被报道。西花蓟马和黄胸蓟马对花卉类寄主具有偏好性，喜欢危害花卉植物。

西花蓟马和黄胸蓟马可以同时在多种花卉植物上发生危害，但它们喜欢的寄主植物不同。西花蓟马在玫瑰、月季以及万寿菊上生存得最好；黄胸蓟马则比较喜欢在栀子花和八仙花两种花卉上生存。在玫瑰及非洲菊上西花蓟马的总产卵量比黄胸蓟马高，但在比较适合黄胸蓟马的栀子花上西花蓟马的总产卵量与黄胸蓟马无差异。

本章主要参考文献

陈雪林，杜予州，王建军，2011. 西花蓟马抗药性研究进展. 植物保护，35（7）：34-38.

胡昌雄，李宜儒，李正跃，等，2018. 吡虫啉对西花蓟马和花蓟马种间竞争及后代发育的影响. 生态学杂志，37（2）：453-461.

王健立，王俊平，郑长英，2011. 西花蓟马与烟蓟马在紫甘蓝上的实验种群生命表. 植物保护学报，38（5）：390-394.

谢永辉，张宏瑞，刘佳，等，2013. 传毒蓟马种类研究进展（缨翅目，蓟马科）. 应用昆虫学报，50（6）：1726-1736.

BAEZ I, REITZ SR, FUNDERBURK JE, *et al.*, 2011. Variation within and between *Frankliniella* thrips species in host plant utilization. Journal of Insect Science, 11（1）：41.

CHI H, YOU MS, ATLIHAN R, *et al.*, 2020. Age-stage, two-sex life table：an introduction to theory, data analysis, and application. Entomologia Generalis：102-123.

SU J, GUO YL, MA XG, *et al.*, 2012. The comparison of drug resistance between western flower thrips（WFT）and thrips tabaci. Advanced Materials Research,（554-556）：1812-1815.

TOMMASINI MG, MAINI S, 1995. *Frankliniella occidentalis* and other thrips harmful to vegetable and ornamental crops in Europe. Biological Control of Thrips Pests, 95：1-42.

ZHAO X, REITZ SR, YUAN H, *et al.*, 2017. Pesticide-mediated interspecific competition between local and invasive thrips pests. Scientific Reports, 7：40512.

4

西花蓟马的田间种群数量动态监测

4.1 西花蓟马在菊类植物上的种群活动规律调查

4.1.1 单色和混合色菊花品种上西花蓟马的种群动态调查

菊花起源于中国，是我国十大传统名花之一，也是在世界鲜切花消费中为仅次于月季的第二大品种。西花蓟马主要以锉吸式口器取食菊花的茎、叶、花，导致花瓣退色、叶片皱缩，茎部形成伤疤，最终可能使植株枯萎，同时还传播多种病毒，严重影响菊花的外观品质与商品价值（陆继亮，2012）。为了摸清现有菊花主要花色品种上西花蓟马的危害情况及种群动态，确定不同花色菊花品种上西花蓟马危害程度及最佳防治时期，研究人员对花卉示范园区菊花种植基地中的主要菊花花色品种上西花蓟马种群季节动态及雌雄种群发生情况进行了系统调查。

根据四分位法分析出西花蓟马的发生早期与菊花苗期重合、主要发生期与菊花的开花期重合、发生晚期为切花后生长期。不同单色菊花品种间的西花蓟马种群动态变化规律基本一致，均在 9 月初菊花盛开期达到最高峰，之后随着花势逐渐衰弱而开始下降，至 9 月中旬温室中的菊花被全部切割后，西花蓟马的种群数量急剧下降。在整个调查过程中，黄色菊花品种上的西花蓟马种群数量均最高，在最高峰时达到 26.75 头/板，其他单色品种上依次为：橙色 22.67 头/板、绿色 20.00 头/板、紫色 16.00 头/板、粉红色 15.50 头/板、白色 13.33 头/板、红色 12.33 头/板（图 4-1A）。在发生早期（$F_{6,21}=1.17$，$P=0.6833$）和晚期（$F_{6,21}=2.047$，$P=0.0833$），7 种单色菊花品种上的西花蓟马种群数量无显著差异；在主要发生期，黄色菊花品种上的西花蓟马种群数量显著高于白色、粉红色和红色菊花品种（$F_{6,21}=7.18$，$P=0.0013$）。在整个调查期，黄色、橙色菊花品种上活动危害的西花蓟马种群数量显著高于红色和白色菊花品种，但黄色、橙色菊花品种间无显著差异（$F_{6,56} = 5.17$，$P = 0.000\ 3$）。

　　不同混合花色菊花品种上的西花蓟马种群数量变化规律与单色品种上的规律相似，在菊花开花前即发生早期，所有混合色品种上的西花蓟马种群数量均处于较低值，低于 10 头/板；随着菊花开花，西花蓟马种群数量迅速上升，到花朵盛开期 9 月 4 日，种群数量达到最高值，记录此时各混合花色品种上的西花蓟马数量，黄绿色 38.83 头/板，黄红色 29.11 头/板，黄白色 19.00 头/板，白绿色 13.80 头/板（图 4-1B）。在发生早期，4 种混合花色菊花品种上的西花蓟马种群数量无显著差异（$F_{3,12} = 1.22$，$P = 0.543\ 3$）；在主要发生期，黄绿色菊花品种上的西花蓟马种群数量显著高于黄红色、白绿色、黄白色菊花品种，黄红色菊花品种上的种群数量显著高于白绿色、黄白色品种，白绿色和黄白色菊花品种之间种群数量无显著差异（$F_{3,12} = 20.48$，$P < 0.000\ 1$）；在发生晚期，黄绿色菊花品种上的西花蓟马种群数量显著高于其余 3 种双色菊花品种，且后三者之间无显著差异（$F_{3,12} = 6.48$，$P = 0.000\ 4$）（表 4-1）。

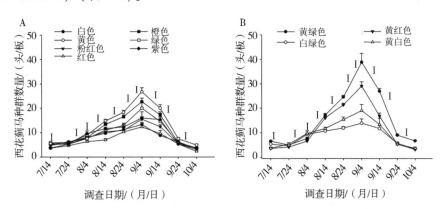

图 4-1　不同单色（A）和混合色（B）菊花品种上的西花蓟马种群动态

注：图中数据为平均数+标准误。

　　不同单色和混合色菊花品种上的西花蓟马种群数量在发生早期（$df = 9$，$T = 0.63$，$P = 0.541\ 8$）和主要发生期（$df = 9$，$T = 0.18$，$P = 0.858\ 6$）无显著差异；在发生晚期，混合色上的西花蓟马种群数量显著高于单色上的数量（$df = 9$，$T = 0.98$，$P = 0.038\ 6$）。

4.1.2 不同花色菊花对西花蓟马雌雄性比的影响调查

在发生早期，不同单色菊花品种上的西花蓟马雌性种群数量均高于雄性，但各单色品种间的雌雄性比无显著差异（$F_{6,21}=1.08$，$P=0.7811$）；在主要发生期，黄色菊花品种上的西花蓟马雌雄性比最高（$F_{6,21}=8.65$，$P=0.0002$）；在发生晚期，黄色菊花品种上西花蓟马雌雄性比最高，橙色最低，其余单色品种雌雄性比无显著差异（$F_{6,21}=4.46$，$P=0.0033$）（表4-1）。在整个调查期，雌性种群数量均高于雄性种群数量，在主要发生期，大部分单色菊花品种上的雌雄性比达到最高值；在菊花切割后，雌雄性比下降，但大部分品种上的雌虫数量是雄虫数量的2倍以上。

在发生早期，4种混合色品种菊花上的雌虫数量均大于雄虫，但雌雄性比无显著差异（$F_{3,12}=1.48$，$P=0.4004$）；在主要发生期，西花蓟马雌虫数量迅速升高，在黄绿色品种上的雌雄性比达到6.87，显著高于其余3种混合色品种，黄白品种上的雌雄性比显著高于黄红和白绿品种上的性比，黄红和白绿品种间的雌雄性比无显著差异（$F_{3,12}=5.33$，$P=0.0084$）；在发生晚期，黄绿色品种上的雌雄性比显著高于黄红和黄白品种上的性比（$F_{3,12}=3.32$，$P=0.0122$）（表4-1）。

表4-1 不同单色和混合色花朵菊花品种上不同发生期的西花蓟马种群数量和性比

色系	菊花品种花朵颜色	种群数量			雌雄性比		
		发生早期	主要发生期	发生晚期	发生早期	主要发生期	发生晚期
单色	黄色	6.56±0.35 a	19.98±1.17 a	6.21±0.46 a	1.84±0.40 a	5.85±0.81 a	4.07±0.62 a
	橙色	6.58±0.33 a	17.46±1.04 ab	4.83±0.36 a	1.76±0.27 a	4.65±0.67 b	1.80±0.42 c
	白色	6.54±0.32 a	10.79±0.78 c	4.83±0.36 a	2.24±0.36 a	3.29±0.47 c	3.69±0.28 b
	绿色	6.17±0.26 a	14.67±1.42 b	4.63±0.32 a	1.86±0.25 a	4.50±0.61 bc	3.74±0.46 b
	粉红	6.08±0.29 a	12.31±0.70 c	4.25±0.27 a	1.85±0.29 a	3.38±0.42 c	3.45±0.46 bc
	紫色	6.22±0.68 a	13.83±1.68 b	4.50±0.68 a	2.08±0.47 a	4.00±0.68 bc	3.32±0.39 bc
	红色	4.89±0.32 a	9.83±1.01 c	3.83±0.33 a	1.85±0.37 a	3.30±0.37 c	3.45±0.37 bc
混合色	黄绿色	6.39±0.34 a	26.89±1.03 a	7.83±0.40 a	1.80±0.35 a	6.87±0.89 a	4.25±0.64 a
	黄红色	4.74±0.33 a	20.81±1.07 b	4.22±0.29 b	2.08±0.34 a	3.82±0.68 c	2.26±0.41 b
	白绿色	6.44±0.30 a	12.02±1.08 c	4.50±0.30 b	1.69±0.25 a	3.56±0.73 c	3.68±0.49 ab
	黄白色	6.22±0.68 a	14.83±1.68 c	4.50±0.68 b	1.94±0.55 a	5.20±0.82 b	2.08±0.30 b

注：表中数据为平均数±标准误。同列不同小写字母分别表示经 Tukey's HSD 法检验在不同单色系菊花品种间和不同混合色系菊花品种间的差异显著性（$P<0.05$）。

在整个调查期，两种色系菊花品种上西花蓟马的雌雄性比间无显著差异

（发生早期 $df=9$，$T=0.45$，$P=0.6625$；主要发生期 $df=9$，$T=-0.98$，$P=0.3536$；发生晚期 $df=9$，$T=0.54$，$P=0.7008$）。

4.1.3　不同单色及其混色菊花品种上西花蓟马的发生情况调查

4.1.3.1　种群数量

9月初菊花盛开期黄色及其混合花色品种之间的比较：黄绿和黄红2个混合色品种上的西花蓟马种群数量均高于黄色菊花品种（图4-2A）。在发生早期，单一黄色菊花品种上的西花蓟马种群数量与黄色混合色品种无显著差异（$F_{3,12}=2.73$，$P=0.0603$）；在主要发生期，黄绿菊花品种上的西花蓟马种群数量显著高于黄色、黄红、黄白3个品种，黄色和黄红菊花品种上的显著高于黄白菊花品种，黄色和黄红2个品种间无显著差异（$F_{3,12}=43.19$，$P<0.0001$）；在发生晚期，黄绿品种上的西花蓟马种群数量显著高于黄红和黄白2个品种（$F_{3,12}=7.41$，$P=0.0045$）（表4-2）。

绿色及其混合花色品种之间的比较：黄绿菊花品种上的西花蓟马种群数量从8月中旬的菊花蕾期开始显著上升，到9月初菊花盛开期接近40头/板，而在绿色和白绿菊花品种上均低于20头/板（图4-2B）。在发生早期，绿色、黄绿、白绿菊花品种间的西花蓟马种群数量无显著差异（$F_{2,9}=1.73$，$P=0.2319$）；在主要发生期（$F_{2,9}=48.37$，$P<0.0001$）和发生晚期（$F_{2,9}=30.68$，$P<0.0001$），黄绿菊花品种上的西花蓟马种群数量显著高于绿色和白绿品种，分别是后二者的1.83倍和2.24倍（表4-2）。

白色及其混合花色品种之间的比较：白色和白色混合品种（白绿、黄白）三者上的西花蓟马种群数量除了主要发生期外都相对较低，全年最高峰时均低于20头/板（图4-2C）。在发生早期（$F_{2,9}=1.28$，$P=0.4656$）和晚期（$F_{1,12}=0.78$，$P=0.6621$），三者之间的西花蓟马种群数量无显著差异；在主要发生期，黄白菊花品种上的西花蓟马种群数量显著高于白色和白绿品种（$F_{2,9}=8.65$，$P=0.0032$），分别是后两者的1.37倍和1.23倍（表4-2）。

红色与黄红品种之间的比较：红色菊花品种上西花蓟马的种群数量相对较低，波动不大，黄红菊花品种上的西花蓟马种群数量在菊花花蕾期开始升高，到盛开期达到最高值（图4-2D）。在发生早期（$F_{1,6}=1.38$，$P=0.3435$）和晚期（$F_{1,6}=1.41$，$P=0.2875$），黄红与红色2个品种上的西花蓟马种群数量无显著差异；在主要发生期，黄红菊花品种上的种群数量显著高于红色品种（$F_{1,6} = 63.44$，$P < 0.000\ 1$）（表4-2）。

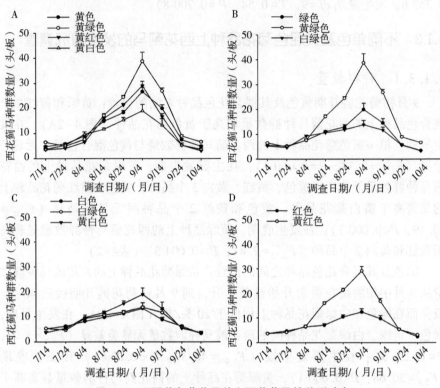

图4-2　不同花色菊花品种上西花蓟马的种群动态

注：图中数据为平均数+标准误。

4.1.3.2　雌雄性比

　　黄色及其混合花色品种之间的比较：在发生早期，黄色品种及其混合色品种间的西花蓟马雌雄性比无显著差异（$F_{3,12} = 1.11$，$P = 0.761\ 3$）；在主要发生期，黄绿品种上的西花蓟马雌雄性比显著高于黄红品种（$F_{3,12} = 9.86$，$P < 0.000\ 1$）；在发生晚期，黄色和黄绿2个品种上的雌雄性比显著高于黄红和黄白2个品种（$F_{3,12} = 8.66$，$P < 0.000\ 1$）（表4-2）。

　　绿色及其混合花色品种之间的比较：在发生早期（$F_{2,9} = 1.25$，$P = 0.399\ 5$）和晚期（$F_{2,9} = 1.03$，$P = 0.532\ 2$），绿色品种及其混合花色品种间的西花蓟马雌雄性比无显著差异；在主要发生期，黄绿品种上的西花蓟马雌雄性比显著高于绿色和白绿品种（$F_{2,9} = 6.98$，$P = 0.004\ 8$）（表4-2）。

　　白色及其混合花色品种之间的比较：在发生早期，白色品种上的雌雄性比显著高于白绿品种（$F_{2,9}=10.88$，$P<0.000\,1$）；在主要发生期，黄白品种上的雌雄性比显著高于白色和白绿品种（$F_{2,9}=3.69$，$P=0.020\,1$）；在发生晚期，白色和白绿品种上的雌雄性比显著高于黄白品种（$F_{2,9}=4.90$，$P=0.006\,0$）（表4-2）。

红色与黄红品种之间的比较：在发生早期（$F_{1,6}=1.44$，$P=0.556\,1$）和主要发生期（$F_{1,6}=0.94$，$P=0.800\,6$），黄色与黄红品种上的西花蓟马雌雄性比间无显著差异；在发生晚期，红色品种上的雌雄性比显著高于黄红品种（$F_{1,6}=5.66$，$P=0.007\,5$）（表4-2）。

表4-2 不同花色菊花品种上西花蓟马种群数量与雌雄性比

颜色组合	菊花品种花朵颜色	种群数量			雌雄性比		
		发生早期	主要发生期	发生晚期	发生早期	主要发生期	发生晚期
黄色及其混合花色	黄色	6.56±0.35 a	19.98±1.17 b	6.21±0.46 ab	1.84±0.40 a	5.85±0.81 ab	4.07±0.62 a
	黄绿色	6.39±0.34 a	26.89±1.03 a	7.83±0.40 a	1.80±0.35 a	6.87±0.89 a	4.25±0.64 a
	黄红色	4.74±0.33 a	20.81±1.07 b	4.22±0.29 b	2.08±0.34 a	3.82±0.68 b	2.26±0.41 b
	黄白色	6.22±0.68 a	14.83±1.68 c	4.50±0.68 b	1.94±0.55 a	5.20±0.82 ab	2.08±0.30 b
绿色及其混合花色	绿色	6.17±0.26 a	14.67±1.42 b	4.63±0.32 b	1.86±0.25 a	4.50±0.61 b	3.74±0.46 a
	黄绿色	6.39±0.34 a	26.89±1.03 a	7.83±0.40 a	1.80±0.35 a	6.87±0.89 a	4.25±0.64 a
	白绿色	6.44±0.30 a	12.02±1.08 b	4.50±0.30 b	1.69±0.25 a	3.56±0.73 c	3.68±0.49 a
白色及其混合花色	白色	6.54±0.32 a	10.79±0.78 b	4.83±0.36 a	2.24±0.36 a	3.29±0.47 b	3.69±0.28 a
	白绿色	6.44±0.30 a	12.02±1.08 b	4.50±0.30 b	1.69±0.25 b	3.56±0.73 b	3.68±0.49 a
	黄白色	6.22±0.68 a	14.83±1.68 a	4.50±0.68 b	1.94±0.55 ab	5.20±0.82 a	2.08±0.30 b
红色及其混合花色	红色	4.89±0.32 a	9.83±1.01 b	3.83±0.33 a	1.85±0.37 a	3.30±0.37 a	3.45±0.37 a
	黄红色	4.74±0.33 a	20.81±1.07 a	4.22±0.29 a	2.08±0.34 a	3.82±0.68 b	2.26±0.41 b

注：表中数据为平均数±标准误。同列不同小写字母分别表示经 Tukey's HSD 法检验在同一组内不同单色及其混合色系菊花品种间的差异显著性（$P<0.05$）。

西花蓟马对不同单色和不同混合花色菊花品种的趋性不一致，无论是在整个发生期还是主要发生期（菊花盛开期），黄色与黄绿花色菊花品种上诱集到的西花蓟马种群数量均最高，且在主要发生期以黄绿花色品种上的西花蓟马种群数量为最高。黄色或与黄色混合花色菊花品种上的西花蓟马种群数量高于其他单色品种，表明菊花花朵颜色的差别是导致不同菊花品种对西花蓟马吸引能力差别的主要因素。研究显示，黄绿菊花品种上的西花蓟马种群数量在所有颜色中最多，黄色菊花品种诱集到的西花蓟马种群数量在所有单色品种中最大。结果显示了寄主植物菊花的花色类型是决定西花蓟马危害程度的重要指标，也从颜色的角度证明了西花蓟马对不同颜色的趋向性有较大差异。

西花蓟马种群的主要发生期为菊花的开花期，黄色品种上的雌雄性比在所有单色品种中最高；而黄绿品种上的雌雄性比在所有混合色品种中最高。结果显示，在西花蓟马的主要发生期，种群数量较高的花色品种上其雌雄性比也相应较高，特别是 9 月初菊花盛开期，所有菊花品种上的雌虫在整个种群中的比例也迅速上升，达到整个发生期的最高值。西花蓟马有较强的孤雌生殖能力，所以西花蓟马雌虫种群在整个种群中比例的上升意味着对菊花的潜在危害程度加重。Smits 等（2000）在室内利用 Y 型管研究了西花蓟马性别对颜色的趋性，发现与雄虫相比，雌虫更趋向于黄色和蓝色粘虫板。本研究从寄主植物花色的角度验证了西花蓟马雌虫更趋向于危害黄色或者黄色混合花色菊花品种，由此导致种群雌雄性比升高、种群数量增加。西花蓟马在选择开花植物时，花色是一个主导因素（Smits 等，2000）。Teulon 等（1999）在风洞中的研究结果表明，寄主植物的颜色是主导西花蓟马飞行的主要因素，而不是气味。本研究也显示出相似的结果，菊花开花期花色是吸引西花蓟马危害的主要因素，不同花色菊花品种上的西花蓟马种群数量在主要发生期即开花期出现了明显的升高，且不同的颜色升高程度不一致，在黄红混合色系品种上升高最快，而在菊花未开花时段各品种间的西花蓟马种群数量无显著差异，也证明花期对西花蓟马种群数量有较大影响。

混合花色并不是整个花朵均匀有规律地混合颜色，如整个花朵以黄色为主色调时，其外围花瓣黄色比较明显，在花心处会出现其他颜色，这种黄色及其他颜色混合色系菊花品种中西花蓟马种群密度与其他色系上的西花蓟马种群密度相比均有不同程度的增加。说明了黄色和绿色混合色对西花蓟马种群吸引力具有一定的增效作用，且这种增效作用对西花蓟马雌性种群的吸引力较雄性大。曹宇等（2015）在室内测定了西花蓟马对花卉寄主颜色的选择性，与其他颜色相比，趋向于黄色的美人蕉花和槐花；吴青君等（2007）测定了 18 种颜色对西花蓟马的诱集效果，发现波长为 438.2～506.6 nm 的海蓝色诱集效果最好；蓝色是对西花蓟马成虫最有诱集力的颜色（Matteson & Terry，1992；Brødsgaard，1994）。这些结果说明了西花蓟马对颜色的趋性跟颜色的波长有密切联系。这为菊花上西花蓟马的物理控制技术提供更多的选择，在利用西花蓟马对颜色的趋性进行粘虫板诱集时，黄绿色具有更好的诱集效果。但在防治温室中菊花鲜切花上的西花蓟马时，若所种植的菊花花色波长接近 438.2~506.6 nm 时，所使用的化学防治或者物理防治的标准与其他品种相比应更高，不能一概而论，这也为菊花品种的选育提出了一个新的思考。菊花的鲜切花在满足内需的同时，大部分产品面向日韩等国外市场，出口过程中，西花蓟马是严重阻碍菊花鲜切花出口的重要因素，所以在针对满足市场需求的同时，尽可能培育或者种植西花蓟马喜好程度较小的花色品种，或者危害程度不一致的品种尽量不要混种在一起，以免交叉危害。

4.1.4 菊花和菊苗上西花蓟马的发生规律分析

4.1.4.1 菊花和菊苗上西花蓟马发生期

本研究中，西花蓟马在菊苗上的主要发生期在 2020 年主要集中在 3 月 9 日至 4 月 12 日，2021 年主要集中在 4 月 4 日至 5 月 30 日；发生高峰 2020 年在 3 月 30 日，2021 年为 5 月 2 日。在菊花上的主要发生期 2020 年为 3 月 16 日至 6 月 15 日，2021 年为 4 月 11 日至 7 月 4 日；发生高峰在 2020 年为 4 月 13 日，2021 年为 5 月 30 日。结果表明，菊花上发生高峰到达的时间较菊苗晚（表 4-3，图 4-3）。

表 4-3　菊花和菊苗上西花蓟马的主要发生期和最高峰

年份	苗		花	
	主要发生期/ （月/日）	最高峰/ （月/日）	主要发生期/ （月/日）	最高峰/ （月/日）
2020	3/9 至 4/27	3/30	3/16 至 6/15	4/13
2021	4/4 至 5/30	5/2	4/11 至 7/4	5/30

4.1.4.2 菊花和菊苗上西花蓟马的种群动态

西花蓟马在菊花和菊苗上的种群动态呈现出单峰型，种群数量从 2 月开始增加，2020 年西花蓟马在 3 月达到最大值，种群数量最大时菊苗达到了 2 706.47 头/板，菊花达到了 4 125.95 头/板。2021 年菊花和菊苗在 5 月均达到了最大值，种群数量最大时菊苗上达到了 1 000.31 头/板，菊花上达到了 2 112.83 头/板（$F_{3,39} = 9.775$，$P = 0.001$）（图 4-4）。

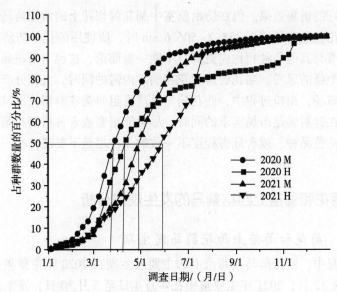

图 4-3 菊花和菊苗上西花蓟马的季节动态

注：2020M 表示 2020 年苗上西花蓟马数量，2020H 表示 2020 年花上西花蓟马的数量，2021M
表示 2021 年苗上西花蓟马的种群数量，2021H 表示 2021 年花上西花蓟马的种群数量。

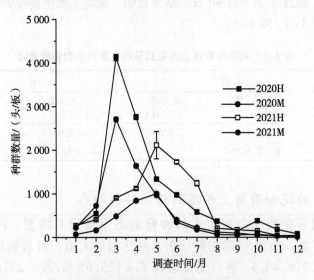

图 4-4 菊花和菊苗上西花蓟马的种群动态

注：图中数据为平均值±标准误。

4.1.4.3 菊花和菊苗上西花蓟马主要发生期种群数量

西花蓟马主要发生期内，2021 年花上的种群数量为 7 983.93 头/板，高于 2020 年的 3 990.96 头/板；2021 年苗上的 3 900.49 头/板，显著高于 2020 年的 1 841.68 头/板（$F_{3,40}=6.222$，$P=0.001$）。主要发生期和其他发生期的种群数量在两年内均存在显著差异（2020 年苗，$F_{2,47}=58.871$，$P=0.001$；2020 年花，$F_{2,48}=17.826$，$P=0.000\,97$；2021 年苗，$F_{2,49}=89.167$，$P=0.000\,1$；2021 年花，$F_{2,49}=5.881$，$P=0.005$）（图 4-5）。

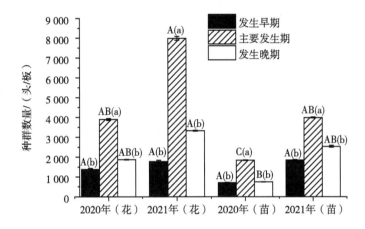

图 4-5　菊花和菊苗上西花蓟马主要发生期种群数量

注：图中数据为平均值±标准误，大写字母表示相同的发生时期内，不同年份菊花和菊苗上西花蓟马间的显著性差异，小写字母表示同一年份的菊花和菊苗上，不同发生时期间的显著差异性（Tukey's HSD 检验，$P<0.05$）。

4.1.5　不同品种菊苗上西花蓟马种群数量调查分析

对不同品种菊苗上的西花蓟马进行种群数量统计，发现在调查时间内西花蓟马的种群数量呈现先减少后增加的趋势。在不同品种的菊苗内，富士菊苗对西花蓟马的吸引力最强，种群数量最高时达到了 143.4 头/板（图 4-6）。无芽神马和低温神马两个菊苗品种上的西花蓟马种群数量最高峰在 5 月 12 日，而富士菊苗上的西花蓟马的种群数量最高峰在 5 月 19 日。

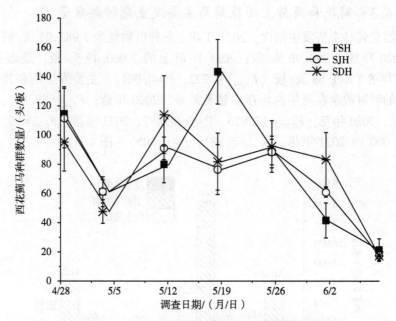

图4-6　不同品种菊苗西花蓟马的种群数量

注：图中 FSH 代表富士菊苗，SJH 代表无芽神马菊苗，SDH 代表低温神马菊苗。图中数据为平均值±标准误。

4.2　不同蓟马在辣椒上混合发生种群动态

蓟马在辣椒整个生长期内均可发生危害，在不同地区辣椒上的种类和种群动态有差异。Walsh 等（2012）通过对澳大利亚昆士兰州辣椒上的蓟马种类和动态研究后发现，以棕榈蓟马和西花蓟马最多，春季以西花蓟马为主，秋季以棕榈蓟马为主，此外还采集到呆蓟马属的 *Pseudanaphothrips achaetus*，以及烟蓟马、澳洲疫蓟马和梳缺花蓟马。蒋兴川等（2013）对云南省 7 个生态区种植的辣椒花期蓟马种类进行调查表明，多个地区优势种为西花蓟马，其次为花蓟马、棕榈蓟马、黄蓟马、八节黄蓟马和烟蓟马。入侵种西花蓟马在云南的南温带、中亚热带、北亚热带数量最多，花蓟马在北热带和南亚热带数量最多，而黄蓟马则是在中温带和北温带数量最多。蓟马在辣椒的花朵中具有更高的种群数量，辣椒花期蓟马的种群数量可能会发生变化（Gonzalez *et al.*，1982）。

4.2.1 蓟马及主要天敌昆虫的数量及优势度

采用相同区域内盘拍法，调查云南昆明辣椒田中蓟马及主要捕食性天敌昆虫的种类和种群动态。2019 年和 2020 年，采集到的辣椒田蓟马有西花蓟马、黄蓟马、八节黄蓟马、花蓟马、华简管蓟马、端大蓟马、棕榈蓟马、云南纹蓟马、烟蓟马和黄胸蓟马（表 4-4）。优势种为西花蓟马、黄蓟马、八节黄蓟马、花蓟马，优势度最高的是西花蓟马，2019 年西花蓟马种群平均单次调查值为 351.3 头，2020 年西花蓟马平均单次调查值为 368.36 头；优势度最低的是花蓟马。2019 年和 2020 年辣椒田捕食性天敌昆虫种类主要有南方小花蝽、二叉小花蝽和异色瓢虫。其中南方小花蝽的优势度最高，2019年和 2020 年种群平均单次调查的个体数量分别为 54.70 头和 56.93 头；3 种捕食性天敌昆虫中，异色瓢虫优势度最低。

表 4-4　辣椒田蓟马及主要天敌昆虫种类及优势度

昆虫类别	昆虫种类	2019 年		2020 年	
		平均每次调查的个体数/头	优势度	平均每次调查的个体数/头	优势度
蓟马	西花蓟马	351.30	0.593	368.36	0.551
	黄蓟马	107.50	0.181	119.79	0.179
	八节黄蓟马	48.90	0.074	63.79	0.095
	花蓟马	37.50	0.063	46.93	0.070
	华简管蓟马	14.70	0.025	25.86	0.036
	端大蓟马	15.20	0.021	9.36	0.008
	棕榈蓟马	13.10	0.015	28.64	0.037
	云南纹蓟马	1.70	0.002	2.14	0.001
	烟蓟马	1.40	0.001	0.93	0.000
	黄胸蓟马	1.20	0.001	2.57	0.002
捕食性天敌昆虫	南方小花蝽	54.70	0.759	56.93	0.728
	二叉小花蝽	9.90	0.124	12.79	0.140
	异色瓢虫	7.50	0.073	8.50	0.093

注："平均每次调查的个体数"为一年内 3 块样地所有取样点调查的蓟马总数与当年调查次数之比。

蒋兴川等（2013）发现云南不同生态区在花期辣椒上的蓟马主要为西花蓟马、花蓟马、黄蓟马、棕榈蓟马、烟蓟马和八节黄蓟马。这 6 种蓟马在本调查中均有发现，其中 4 种为优势种蓟马。不同地区作物上蓟马种类具有多样性，华北地区作物上蓟马种类主要以西花蓟马、花蓟马和烟蓟马等为主；浙江地区主要以花蓟马、八节黄蓟马和黄胸蓟马等为主（吴青君等，2007；高慧敏，2020）。不同地理和田间条件差异会造成蓟马的种类不同，某种蓟马成为优势种更有可能是由于杀虫剂施用水平，当地气候条件等因素影响的结果。

4.2.2 蓟马及主要天敌昆虫的种群动态

2019 年辣椒田 10 种蓟马在 5—9 月活动情况不同，其中西花蓟马种群数量从 5 月 22 日开始上升，在 7 月 12 日到达最高值 66.5 头/m²（$F_{9,20}$ = 179.52，$P<0.001$）（图 4-7）。在 6 月 25 日至 7 月 12 日增长速度最快，8 月 10 日到 8 月 27 日下降速度最快（图 4-7）。其他蓟马种群数量总体维持在相对较低的水平，在 5 月 6 日到 9 月 25 日期间均表现出种群数量先上升后下降的趋势。主要天敌昆虫南方小花蝽、二叉小花蝽和异色瓢虫在 5—9 月辣椒生长期内活动，其中南方小花蝽为优势种，种群数量在 7 月 26 日达到最高，为 6.6 头/m²（$F_{2,6}$ = 16.75，$P=0.003$）；二叉小花蝽和异色瓢虫种群数量分别在 8 月 10 日和 7 月 26 日达到最高值（图 4-8）。

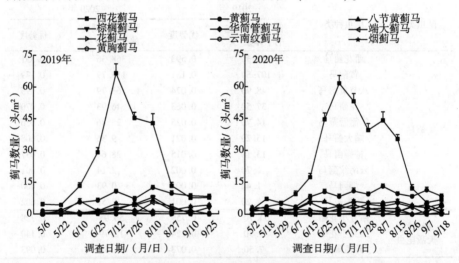

图 4-7 辣椒田蓟马种群动态

2020 年与 2019 年相似，蓟马和主要天敌也是在 5—9 月活动。西花蓟马种群数量从 5 月 2 日开始上升，在 7 月 6 日到达最高值（61.5 头/m²）（$F_{9,20}$ = 275.83，$P<0.001$）后开始逐渐降低，在 7 月 28 日至 8 月 7 日期间有所上升；南方小花蝽种群数量在 7 月 17 日达到最高值 7.4 头/m²（$F_{2,6}$ = 23.73，$P<0.001$），并在 8 月 15—26 日期间种群数量达到第二个小高峰，

为 4.8 头/m² （$F_{2,6}=38.35$，$P<0.001$）（图 4-8）。

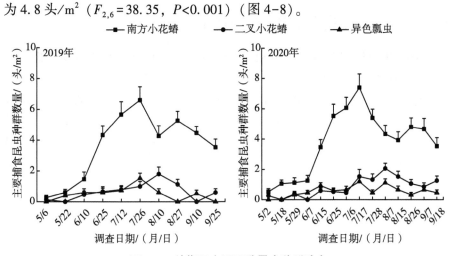

图 4-8　辣椒田主要天敌昆虫种群动态

注：图中数据为每 1 m² 内昆虫数量均值±标准误。

4.2.3　蓟马及主要天敌昆虫的群落多样性

2019 年辣椒田蓟马和主要天敌昆虫的香农多样性指数随时间和辣椒生长期变化呈现不同波动情况，其中有 2 个峰值，最大值在 8 月 27 日，为 2.47，最小值在 7 月 12 日，为 1.71，均匀度变化较为稳定。2020 年香农多样性指数随时间推移变化明显，最大值在 5 月 29 日，为 2.79，最小值在 7 月 6 日，为 1.68（图 4-9）。

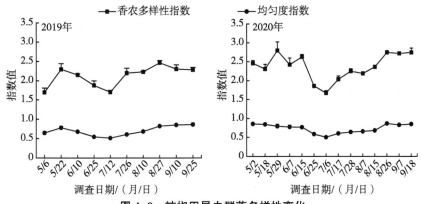

图 4-9　辣椒田昆虫群落多样性变化

4.2.4　蓟马及主要天敌昆虫的益害比

2019 年辣椒田蓟马类害虫和主要天敌的益害比在 9 月前呈现曲折的变化，9 月后益害比上升，在 5 月 22 日、6 月 25 日、7 月 26 日、9 月 10 日益害比相对较高，说明在这 4 个时间点之前，天敌昆虫对蓟马类害虫的控制效果显著，9 月 10 日益害比最高。2020 年与 2019 年相似，在 5 月 25 日、5 月 29 日、6 月 15 日、7 月 17 日、9 月 7 日益害比相对较高，9 月 7 日益害比最高（图 4-10）。

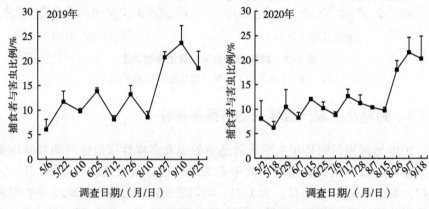

图 4-10　辣椒田主要天敌昆虫与蓟马的益害比

昆虫多样性指数和均匀度指数是反映昆虫群落稳定性的重要指标，昆虫种群多样性越高，昆虫群落越稳定。农田中昆虫群落的形成与人类行为有密切的关系，耕作制度、杀虫剂使用情况等直接影响到昆虫群落的组成结构，而且农田中昆虫多样性差，害虫易暴发。研究表明，辣椒田蓟马类害虫共有 10 种，主要的捕食性天敌昆虫种类有 3 种，西花蓟马在很长一段时间内种群数量处于较高水平，香农多样性指数在 2 年中波动幅度大，变化快，与森林生态系统稳定的多样性指数差别很大（邹言等，2020），说明农田生态系统稳定性较差，西花蓟马极易暴发，要加强对西花蓟马的防控。

4.3 不同栽培生境西花蓟马的种群动态

4.3.1 不同栽培生境菊苗上西花蓟马的种群动态

明确昆虫在田间的活动规律和季节消长动态，是对害虫预测预报和科学防控的前提，张治科等（2019）在银川设施黄瓜上西花蓟马及其天敌种群动态的研究中指出，西花蓟马的种群数量在全年内呈现先增加后减少的趋势，且5月和6月是西花蓟马的暴发高峰。李娇娇等（2018）研究表明，春季日光温室内西花蓟马种群数量随着时间推移呈现上升趋势，秋季西花蓟马种群数量均随着时间的推移呈现曲折上升趋势。岳文波等（2019）的研究表明，3—5月西花蓟马是危害玫瑰的蓟马优势种。月季上西花蓟马的空间分布与种群动态研究的结果显示，6月8日至7月4日西花蓟马的种群发生规律呈现单峰型，6月19日为种群密度最高时期（郑伯平，2012）。对温室非洲菊的研究结果表明，5月中旬为蓟马危害的高峰期，且蓟马的总量随温度的增减而发生明显变化（陈雪娇，2012）。前人的研究为西花蓟马在不同作物上的预测预报提供了科学依据，但这些研究均是在单一环境下展开的。近年来随着"菜篮子"经济的不断发展，菊苗种植环境呈现多样化发展，温室面积不断扩大，温室内适宜的气候条件更适宜害虫生长发育。因此明确不同种植环境菊苗上西花蓟马的种群动态及活动规律是有效控制菊花上西花蓟马种群的基础。

本研究对不同种植环境菊苗上的西花蓟马数量进行调查，同时分析了在不同种植环境下前茬菊苗种植对后茬菊苗上西花蓟马种群数量的影响。

4.3.1.1 不同种植环境西花蓟马的主要发生时期

西花蓟马的主要发生期持续时间与菊苗种植时间的长短有关，菊苗种植时间越长西花蓟马主要发生期持续的时间也越长；在不同种植环境下前茬苗上西花蓟马的主要发生期均集中在3月末至6月末；露地上的发生高峰在4月末至5月末，单体棚内无论菊苗种植时间的长短其发生高峰均在4月末至5月初，连栋温室内的发生高峰在4月末至6月中旬；西花蓟马在前茬苗上主要发生期持续天数露地为21~49 d，低于连栋温室内的35~49 d和单体棚的35~70 d，后茬苗上主要发生期持续天数连栋温室为42~84 d，高于露地28~42 d和单体棚35~56 d。前茬苗上，露地和单体棚内种植的菊苗上的西花蓟马主要发生期较连栋温室提前 7~45 d；在后茬苗上，露地主要发生期较单体棚提前 7~60 d，连栋温室较单体棚提前 20~60 d，后茬苗主要发生期较前茬苗快（图 4-11，表 4-5）。

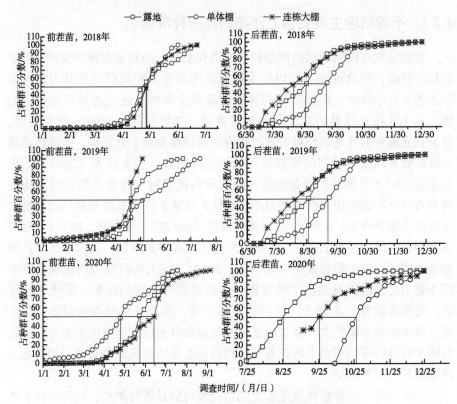

图 4-11　不同种植环境下西花蓟马的季节活动图

表 4-5　不同种植环境下西花蓟马的主要发生期和发生高峰

年份	种植时间	露地		单体棚		连栋温室	
		主要发生期/（月/日）	发生高峰/（月/日）	主要发生期/（月/日）	发生高峰/（月/日）	主要发生期/（月/日）	发生高峰/（月/日）
2018	前茬苗	4/14—5/19	4/21	4/14—5/12	4/28	4/21—5/12	4/28
	后茬苗	8/4—9/15	9/1	9/1—10/6	9/22	7/28—9/15	8/18
2019	前茬苗	4/20—5/4	4/20	4/20—6/8	5/4	4/13—4/20	4/20
	后茬苗	8/17—9/28	9/7	9/7—10/22	9/21	6/15—8/31	7/27
2020	前茬苗	5/9—6/20	5/23	3/29—5/30	4/25	5/16—6/27	6/14
	后茬苗	8/15—9/12	8/23	10/17—11/14	10/24	9/12—10/17	10/3

4.3.1.2　在不同种植环境下的西花蓟马种群动态

不同种植环境下西花蓟马在前茬和后茬苗上的种群数量均呈现先增加后减少的趋势（图4-12）。2018年和2019年前茬苗上西花蓟马种群数量均为露地>单体棚>连栋温室，西花蓟马的种群数量从3月开始增加，4月末至5月初达到最高；2018年和2019年，西花蓟马在露地虫口最大发生量均出现在4月20日左右，2018年露地种群数量为83.8头/板，显著高于单体棚的53.2头/板和连栋温室的47.6头/板，（$F_{2,6}=109.88$，$P<0.001$）。2019年露地种群发生量为208.6头/板，显著高于单体棚的89.2头/板和连栋温室的17.04头/板（$F_{2,6}=429.91$，$P=0.012$）。2020年前茬苗上西花蓟马种群数量为单体棚>露地>连栋温室，2020年西花蓟马在单体棚内的虫口最大发生量出现在5月23日且种群数量为226.1头/板，显著高于露地的138.2头/板和连栋温室的72.4头/板（$F_{2,6}=460.74$，$P=0.043$），后茬苗上西花蓟马种群数量为单体棚>露地>连栋温室（图4-12）。

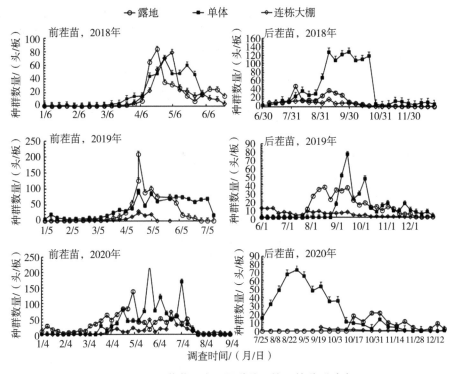

图4-12　西花蓟马在不同种植环境下的种群动态

注：图中数据为平均值+标准误。

4.3.1.3 不同发生时期西花蓟马的种群密度

前茬苗上西花蓟马主要发生期的种群密度均为露地>单体棚>连栋温室。2019 年露地西花蓟马的种群数量为 654.6 头/板, 显著高于单体棚的 373.8 头/板和连栋温室的 112.3 头/板 ($F_{2,6}=11.658$, $P=0.002$), 2020 年露地西花蓟马的种群数量为 467.29 头/板, 显著高于单体棚的 304.40 头/板和连栋温室的 146.4 头/板 ($F_{2,6}=4.54$, $P=0.029$)。发生晚期的种群数量均为单体棚>露地>连栋温室。

后茬苗上西花蓟马主要发生期的种群数量为单体棚>露地>连栋温室。2018 年单体棚内西花蓟马主要发生期的种群数量为 551.2 头/板, 显著高于露地的 134.3 头/板和连栋温室的 57.7 头/板 ($F_{2,19}=97.465$, $P=0.000\ 015$), 2020 年单体棚内西花蓟马主要发生期的种群数量为 309.1 头/板, 显著高于露地的 80.3 头/板和连栋温室的 11.3 头/板 ($F_{2,12}=107.28$, $P=0.000\ 061$)(图 4-13)。

西花蓟马主要发生期的种群数量, 连栋温室和露地上均为前茬苗>后茬苗, 单体棚内除 2019 年外均为后茬苗>前茬苗。露地上西花蓟马种群数量前茬苗为后茬苗的 1.1~4.6 倍。连栋温室内西花蓟马种群数量前茬苗上的为后茬苗的 2.1~4.2 倍。单体棚内, 2019 年西花蓟马的种群数量前茬苗为后茬苗的 2.3 倍; 2018 年和 2020 年后茬苗较前茬苗高 1.0~2.2 倍。在西花蓟马的发生后期, 前茬苗上的种群数量均大于后茬苗, 露地为 3.9~11.0 倍, 单体棚为 1.6~11.6 倍, 连栋温室为 5.2~69.7 倍, 前茬苗上西花蓟马发生晚期的种群数量对后茬苗发生早期的种群数量有较大影响, 西花蓟马发生早期的种群数量后茬苗高于前茬苗(图 4-13)。

温室栽培的作物, 西花蓟马可全年危害(李向永, 2013)。西花蓟马在云南已经成为了多种园艺作物上的优势种。本研究表明, 西花蓟马在不同种植环境下种群的发生规律存在差异。西花蓟马主要发生期在前茬苗上出现的时间为连栋温室晚于露地和单体棚。后茬苗上为连栋温室早于露地和单体棚。出现这种差异的原因可能是不同调查环境的温度存在差异。同时, 前茬苗上露地和单体棚种植的菊苗西花蓟马主要发生期较连栋温室提前 7~45 d, 后茬苗上露地较单体棚提前 7~60 d, 连栋温室较单体棚提前 20~60 d, 这与李向永等(2013)研究露地模式下西花蓟马的发生高峰期较温室模式提前 20~30 d 结果相似。西花蓟马在前茬苗上的主要发生期在 3 月 29 日至 6 月 27 日, 这与王慧等(2014)对菊花种苗、岳文波等(2019)对玫瑰上西花蓟马种群动态的研究结果一致; 西花蓟马的发生高峰在 4 月末至 6 月中

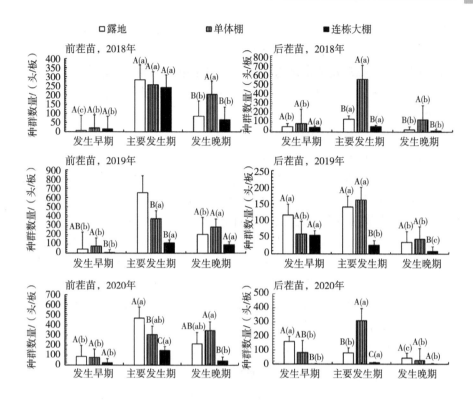

图 4-13　不同种植环境菊苗上西花蓟马不同发生时期种群密度

注：图中数据为平均值+标准误，图柱上方不同小写字母表示同一种植条件下各发生时期西花蓟马种群数量的差异显著性，不同大写字母表示同一发生时期不同种植条件下西花蓟马种群数量间的差异显著性（Tukey's HSD 检验，$P<0.05$）。

旬，刘凌等（2011）在石榴园西花蓟马种群动态及其与气象因素的关系研究中表明西花蓟马暴发时间为 5 月；本研究的结果均与这些研究结果一致。凉爽干燥的环境更适合西花蓟马的生长，生长环境过于潮湿会引起病害流行，过于干旱则不利于卵的发育（Teulon，1992）；温度过高会影响西花蓟马的种群数量，有研究表明极端高温不仅会影响西花蓟马亲代的生长发育，甚至还会将这种不利影响延续到 F_1 代（姜珊等，2016）；随着温度升高，西花蓟马的发育历期缩短，存活率降低（李景柱等，2011）。温度波动也会对西花蓟马的种群数量造成影响，王海鸿等（2014）的研究指出西花蓟马在波动温度下的种群增长速率较恒温快。在调查过程中发现单体棚内早晚温差大于连栋温室和露地，早晚温度波动过大，这也是造成单体棚内西花蓟马种群数量高于其他环境的原因之一。结果表明，在同一个种植环境下西花蓟马在全年内有两个暴发高峰。研究表明，天敌的捕食量及农事操作会影响西花蓟马的种群数量（韩冬银等，2015）。秋季农事操作较夏季频繁，加上栽种二茬菊苗，人员流动及苗木运送导致了秋季西花蓟马种群数量在单体棚内和露地上再次暴发，但是由于连栋温室面积较大，西花蓟马的分布较广，所以第二个暴发高峰在连栋温室内表现不明显。同时单体棚两侧距离过窄也是导致西花蓟马种群数量较多的原因之一。

连作会让土壤理化性质发生改变，研究表明非洲菊连作后土壤总含盐量增加，土壤 pH 值降低，次生盐渍化现象加重，土壤中氮、磷、钾比例失调（马海燕等，2011）；除此之外连作还会导致病虫害发生严重（李亚莉等，2012）。有研究表明，菊苗连作会加重西花蓟马对二茬菊苗的危害，特别是在单体棚内和露地上，前茬菊苗上的西花蓟马会使后茬菊苗上西花蓟马的初始虫口基数增大，致使西花蓟马主要发生期提前到来。出现这种现象的原因可能是在前茬作物被清理出田间之后，部分西花蓟马在农事操作的过程中被抖落在田间、藏在泥土以及杂草中，在土壤未经充分消毒的情况下导致西花蓟马在二茬菊苗上的虫口基数增加。

4.3.1.4 西花蓟马种群动态及活动规律

土壤菊苗上西花蓟马主要发生期到达的时间为 4 月 5 日，较苗床菊苗的 5 月 10 日早 1 个月。土壤菊苗上西花蓟马主要发生期持续的时间均长于苗床菊苗。土壤种植的菊苗上西花蓟马主要发生期持续的时间为 98 d，较苗床菊苗的 56 d 延长了 42 d。土壤菊苗主要害虫最高峰到达的时间均早于苗床菊苗；西花蓟马在土壤菊苗上发生高峰到达的时间为 5 月 17 日，较苗床菊苗的 5 月 31 日早 14 d（图 4-14，表 4-6）。

表 4-6 不同种植方式菊苗上主要害虫的主要发生期和最高峰

主要害虫	土壤菊苗			苗床菊苗		
	主要发生期 /（月/日）	持续时间 /d	最高峰 /（月/日）	主要发生期 /（月/日）	持续时间 /d	最高峰 /（月/日）
西花蓟马	4/5—7/12	98	5/17	5/10—7/5	56	5/31

菊苗上的西花蓟马在晴天和阴天的分布有一定的规律，在天晴的条件下西花蓟马种群数量在 10:00—12:00 最多，此时黄板上西花蓟马的种群数量为 10.20 头/板（$F_{7,32} = 1.93$，$P = 0.096$），蓝板上为 28.8 头/板（$F_{7,32} = 1.41$，$P = 0.23$）；16:00—20:00 次之，此时西花蓟马的种群数量在黄板上

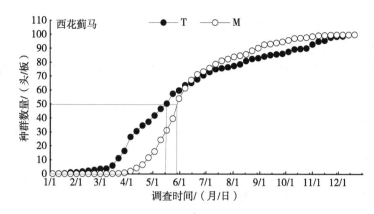

图 4-14 不同种植方式菊苗上主要害虫的季节动态

注：图中 T 代表土壤上种植的菊苗，M 代表苗床上种植的菊苗，下同。

为 6.80 头/板，蓝板上为 18.6 头/板，在天阴的情况下西花蓟马的种群数量在 14：00—16：00 最多，此时黄板上的西花蓟马种群数量为 20.40 头/板（$F_{7,32} = 26.01$，$P = 0.00003$），蓝板上为 19.8 头/板（$F_{7,32} = 4.27$，$P = 0.002$），10：00—12：00 次之，此时黄板上的西花蓟马种群数量为 7.20 头/板，蓝板上为 7.60 头/板。西花蓟马在夜间的活动较少（图 4-15）。

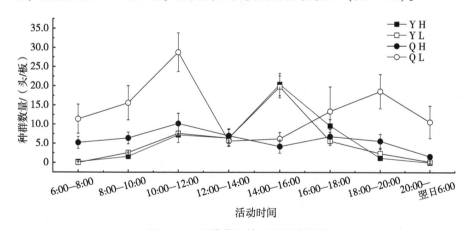

图 4-15 西花蓟马的日间活动规律

注：图中数据为平均值±标准误，下雨天棚内基本无西花蓟马活动或活动数量较少，因此，图中没有下雨天的数据。ＹＨ 代表阴天黄板上西花蓟马的种群数量，ＹＬ 代表阴天蓝板上西花蓟马的种群数量；ＱＨ 代表晴天黄板上西花蓟马的种群数量，ＱＬ 代表晴天蓝板上西花蓟马的种群数量。

4.3.1.5 不同种植方式西花蓟马的种群动态

4.3.1.5.1 西花蓟马的种群动态

西花蓟马的种群动态在一年内均呈现出先增加后减少的趋势，土壤上西花蓟马的种群数量从 3 月开始增加，5 月达到最高，此时的种群数量为 326.25 头/板（$F_{11,35}=2.704$，$P=0.012$），后开始缓慢下降，苗床菊苗上西花蓟马的种群数量从 4 月开始增加，5 月达到最高，此时的种群数量达到了 655.00 头/板，后开始急速下降（$F_{11,35}=150.629$，$P=0.0009$）。1—4 月，10—12 月西花蓟马的种群数量土壤菊苗大于苗床菊苗，5—9 月西花蓟马的种群数量苗床菊苗大于土壤菊苗（图 4-16）。

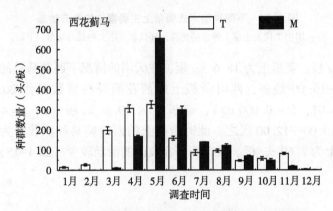

图 4-16 不同种植方式菊苗上主要害虫的种群动态

4.3.1.5.2 西花蓟马主要发生期种群数量

西花蓟马主要发生期的种群数量为苗床菊苗大于土壤菊苗，苗床菊苗上西花蓟马主要发生期的种群数量为 925 头/板，高于土壤菊苗的 875 头/板，且各个时期种群数量间差异显著（土壤菊苗，$F_{2,48}=16.115$，$P=0.00023$；苗床菊苗，$F_{2,48}=33.746$，$P=0.0005$）（图 4-17）。

作物的种植方式影响着作物的生长发育，同时也影响着昆虫的种群数量及种群动态。研究表明，1—4 月、10—12 月西花蓟马的种群数量为土壤大于苗床，在西花蓟马的主要发生期 5—9 月种群数量苗床大于土壤。西花蓟马主要是落地化蛹，因此基质的种类、疏松度、及基质温度都会影响西花蓟马的羽化。土壤的黏着性较基质强，封闭性也较基质好，因此冬季及早春时期土壤温度较苗床温度高，更适合西花蓟马的化蛹和羽化。5—9 月正好是嵩明地区的雨季。温室温室内土壤板结，造成了土壤表面的积水多、湿度

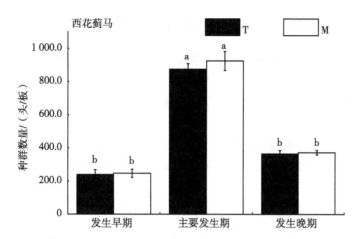

图4-17 不同种植方式菊苗上主要害虫的发生时期

注：图中数据为平均值±标准误，图柱上的小写字母表示同一种植方式下，不同发生时期间的差异显著性（Tukey's HSD 检验，$P<0.05$）。

大。西花蓟马蛹在潮湿的土壤中羽化率大大降低，导致种群数量减少。而苗床基质的透水性较好，在雨季更利于西花蓟马化蛹和羽化，导致种群数量大于土壤中的。韩云等（2015）的研究表明土壤含水量过高或过低都会影响豆大蓟马的化蛹历期，此研究还表明沙壤土最适合豆大蓟马化蛹，黏土最不适合豆大蓟马化蛹。同时也有研究表明土壤中砂土含量低于30%时，蓟马若虫不能化蛹（孟国玲等，2002）。杨波等（2019）的研究表明普通大蓟马在沙子中的羽化率高于在蛭石中的羽化率，锯末和蛭石不适合普通大蓟马的羽化，苗床基质疏松多孔，因此在西花蓟马的主要发生期更适合其羽化，而在西花蓟马的发生早期和发生晚期土壤温度大于苗床，因此更适合西花蓟马的生长发育。研究表明菊花主要害虫的主要发生期到达时间和发生高峰时间均为土壤早于苗床，主要发生期持续时间均为土壤长于苗床。土壤的黏着性和封闭性较好，在一年内种群数量开始发生时土壤内的温度较苗床上高，因此西花蓟马在土壤中化蛹的发育历期较短，主要发生期到达的时间也较短。土壤的含水量变化较大，对昆虫的影响也较大，苗床上基质较为疏松，保水量较差，因此苗床温室内没有土壤温室潮湿，同时室内温度也较土壤温室高，造成西花蓟马种群较大。

4.3.2 不同栽培生境辣椒上西花蓟马的种群动态

温室蔬菜种植面积逐年增加，温室全年持续生产为西花蓟马提供了充足的食物和适宜的繁殖温度，致使虫源无法彻底消除，加重防治难度。研究以西花蓟马危害日趋扩大为背景，采用盘拍法调查了 2018 年昆明地区辣椒上的蓟马种类，分别于 2019 年和 2020 年监测了当地种植最广泛的 3 个辣椒品种（螺丝椒、太空椒和云南皱皮辣）上西花蓟马和天敌南方小花蝽的种群动态变化情况，对比露地和温室两种环境下种群数量差异，并调查了西花蓟马活动的日动态。

4.3.2.1 温室和露地种植辣椒上蓟马的种类

通过系统调查表明，露地辣椒上调查到的蓟马种类总计有 10 种，其中种群数量所占比例大于 3% 的有 6 种，分别为：西花蓟马、黄蓟马、花蓟马、八节黄蓟马、棕榈蓟马和华简管蓟马。在露地辣椒田中西花蓟马的数量最高，为 174.47 头/10 株，占调查采集的露地辣椒田全部蓟马总数的 64.77%，显著高于其他蓟马（$F_{9,140} = 114.89$，$P < 0.05$）；云南纹蓟马的数量最低，为 0.33 头/10 株，仅占蓟马总数的 0.12%（表 4-7）。

在温室辣椒上共采集到 6 种蓟马，其中种群数量所占比例大于 3% 的有 5 种，分别为西花蓟马、黄蓟马、花蓟马、八节黄蓟马和棕榈蓟马。与露地种植方式中的蓟马种类组成相似，温室中西花蓟马数量最多，达到 309.60 头/10 株，占温室内调查蓟马总数的 75.71%，显著高于其他蓟马（$F_{5,84} = 97.04$，$P < 0.05$）；华简管蓟马的数量最少，为 7.73 头/10 株，仅占温室内蓟马总数的 1.89%。两种种植条件下，温室种植辣椒上西花蓟马的数量高于露地种植辣椒上的西花蓟马，西花蓟马所占比例比露地高 10.94%（表 4-7）。

表 4-7 不同种植环境辣椒上蓟马的种类及数量

蓟马种类	露地（10 株）		温室（10 株）	
	蓟马数量/头	百分比/%	蓟马数量/头	百分比/%
西花蓟马	174.47±13.5a	64.77	309.6±17.8a	75.71
黄蓟马	37.70±4.0b	14.01	42.0±3.8b	10.27
花蓟马	17.73±2.6c	6.58	18.9±1.4c	4.63
八节黄蓟马	14.20±1.8c	5.27	15.5±1.4c	3.78
棕榈蓟马	10.00±1.1c	3.71	15.2±1.9c	3.72

蓟马种类	露地（10株）		温室（10株）	
	蓟马数量/头	百分比/%	蓟马数量/头	百分比/%
华简管蓟马	9.20±1.3c	3.42	7.7±1.5d	1.89
端大蓟马	4.27±0.9d	1.58	0	0
烟蓟马	0.93±0.3e	0.35	0	0
黄胸蓟马	0.50±0.4e	0.19	0	0
云南纹蓟马	0.33±0.2e	0.12	0	0

注：表中数据为蓟马数量的平均值±标准误，同列不同小写字母代表不同蓟马数量的差异显著性（Tukey's HSD 检验，$P<0.05$）。

4.3.2.2 不同品种辣椒上西花蓟马的种群动态

2019 年，西花蓟马在露地的 3 个辣椒品种发生动态趋势呈现基本一致的规律（图 4-18）。6 月 6 日前，3 个品种上的西花蓟马种群数量均处于较低值，低于 10 头/株。6 月 6 日后，3 种辣椒上的西花蓟马种群数量均迅速上升，并在 7 月中下旬种群数量达到峰值，露地种植的螺丝椒上西花蓟马数量最高时为 18.00 头/株，云南皱皮辣上最高时为 13.87 头/株，太空椒上最高时为 17.42 头/株。7 月中旬后，西花蓟马的种群数量随着花势衰弱而开始逐步下降。螺丝椒上的西花蓟马数量在多个调查时间段均高于云南皱皮辣和太空辣上的西花蓟马数量。温室中螺丝椒上的西花蓟马数量变化规律与露地辣椒相似，但其数量高于露地种植的同品种辣椒。其西花蓟马平均数量最

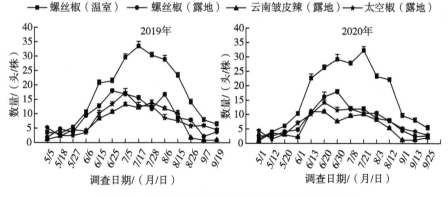

图 4-18 不同种植环境辣椒上西花蓟马的种群动态

注：图中数据为单次调查不同种植环境辣椒上虫口数量的平均值+标准误。

高时达 33.42 头/株，是露地螺丝椒上的最高数量平均值的 1.9 倍（图 4-18）。

2020 年，西花蓟马在 3 种辣椒上的种群动态与 2019 年相似，6 月 1 日前，除温室种植的螺丝椒上西花蓟马种群数量为 10.24 头/株，其余露地种植辣椒上的蓟马数量均低于 10 头/株。从 6 月 1 日后蓟马种群数量逐渐增加，并在 7 月达到最大值，此时，温室种植的螺丝椒上西花蓟马数量最高为 32.22 头/株，露地种植的最高为 17.96 头/株，云南皱皮辣为 10.96 头/株，太空椒上为 14.13 头/株。温室种植的螺丝椒上西花蓟马最高密度为露地螺丝椒的 1.8 倍，2020 年不同辣椒品种上的西花蓟马种群数量稍低于 2019 年（图 4-18）。

4.3.2.3 不同品种辣椒上南方小花蝽的种群动态

南方小花蝽在 3 种辣椒上的种群数量始终低于 4 头/株。随辣椒的生长和蓟马的发生，其种群密度逐渐上升，2019 年和 2020 年均在 7 月时种群达到最大值。2019 年南方小花蝽在温室和露地的螺丝椒上种群最大值分别为 2.51 头/株和 3.40 头/株，在皱皮辣上为 2.84 头/株，在太空椒上为 2.56 头/株；7 月 5 日后南方小花蝽种群数量为 1.50～3.50 头/株。2020 年南方小花蝽的种群变动与 2019 年相似，其在温室和露地的螺丝椒上的种群最大值分别为 2.31 头/株和 3.09 头/株，在皱皮辣上为 2.60 头/株，在太空椒上为 2.22 头/株。南方小花蝽在两年中，7 月后虽然种群数量呈下降趋势，但是总体下降数量较小，并且在 8 月中旬后种群数量稍有增加。在不同种植条件的辣椒上，露地种植的螺丝椒上南方小花蝽种群数量在多数时间高于其他辣椒品种和温室种植的螺丝椒上的南方小花蝽数量（图 4-19）。

4.3.2.4 不同品种辣椒上西花蓟马和南方小花蝽的发生时期

3 种辣椒上西花蓟马的主要发生期均开始于 6 月中旬，而南方小花蝽的主要发生期晚于西花蓟马，开始于 6 月下旬。2019 年，西花蓟马主要发生期的持续时间在 32 d（露地螺丝椒）～52 d（露地太空椒）。南方小花蝽在露地种植的云南皱皮辣上主要发生期的持续时间为 62 d，长于在其他辣椒上的持续时间。西花蓟马的发生高峰在 7 月初，南方小花蝽的发生高峰为 7 月中旬，温室辣椒上西花蓟马和南方小花蝽的发生高峰晚于露地辣椒上的发生高峰（表 4-8）。

2020 年，西花蓟马在露地种植的螺丝椒和云南皱皮辣上主要发生期持续时间（38 d）最短，在温室种植的螺丝椒和露地种植的太空椒上活动时间

（51 d）最长。南方小花蝽的主要发生期在不同辣椒品种上的持续时间
（53 d）相同。西花蓟马的发生高峰在 6 月末，南方小花蝽的发生高峰为 7 月
上旬或中旬，均晚于西花蓟马。与 2019 年结果相似，温室中两种昆虫的发
生高峰均晚于露地（表 4-8）。

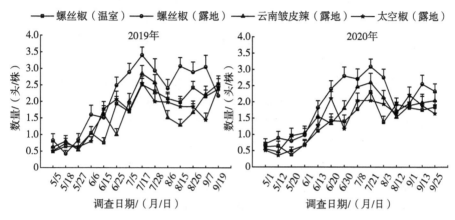

图 4-19　不同种植环境辣椒上南方小花蝽的种群动态

注：图中数据为单次调查不同种植环境辣椒上虫口数量的平均值+标准误。

表 4-8　不同种植条件辣椒上西花蓟马和南方小花蝽的主要发生期和发生高峰

年份	辣椒品种	西花蓟马			南方小花蝽		
		主要发生期 /（月/日）	天数/d	高峰 /（月/日）	主要发生期 /（月/日）	天数/d	高峰 /（月/日）
2019	螺丝椒（温室）	6/25—8/06	42	7/17	6/25—8/15	51	7/28
	螺丝椒（露地）	6/25—7/28	32	7/05	6/25—8/15	51	7/17
	云南皱皮辣（露地）	6/15—7/28	42	7/05	6/25—8/26	62	7/17
	太空椒（露地）	6/15—8/06	52	7/05	6/25—8/15	51	7/17
2020	螺丝椒（温室）	6/13—8/03	51	7/08	6/20—8/12	53	7/21
	螺丝椒（露地）	6/13—7/21	38	6/30	6/20—8/12	53	7/08
	云南皱皮辣（露地）	6/13—7/21	38	6/30	6/20—8/12	53	7/08
	太空椒（露地）	6/13—8/03	51	6/30	6/20—8/12	53	7/21

4.3.2.5　不同发生时期西花蓟马的种群密度

　　2019 年，在西花蓟马的发生早期，3 种露地辣椒及温室螺丝椒上的西花
蓟马数量均低于 8.68 头/株，云南皱皮辣上最低为 2.95 头/株，不同辣椒上
西花蓟马种群密度差异不显著（$F_{3,13} = 1.58$，$P = 0.24$）。在南方小花蝽发生

早期，不同辣椒上种群数量为 0.71~1.04 头/株，差异不显著（$F_{3,16}=0.49$，$P=0.69$）。主要发生期时，温室螺丝椒上西花蓟马种群数量显著高于露地 3 种辣椒上的西花蓟马（$F_{3,17}=31.69$，$P<0.05$），其中温室螺丝椒上数量最高（28.71 头/株），露地云南皱皮辣最低（11.59 头/株）。与西花蓟马不同，南方小花蝽在主要发生期时，露地螺丝椒上种群数量为 2.86 头/株显著高于其他辣椒（$F_{3,21}=6.25$，$P<0.05$），云南皱皮辣上的种群数量最低（1.84 头/株）。发生晚期时，不同辣椒上的西花蓟马差异不显著（$F_{3,7}=2.29$，$P=0.17$）（图 4-20）。

同种辣椒上西花蓟马在主要发生期的种群数量显著高于发生早期和发生晚期（温室螺丝椒，$F_{2,11}=12.83$，$P<0.05$；露地螺丝椒，$F_{2,11}=7.20$，$P=0.01$；云南皱皮辣，$F_{2,11}=7.05$，$P=0.01$；太空椒，$F_{2,11}=21.71$，$P<0.05$），发生早期和晚期的种群数量差异不显著；南方小花蝽种群数量在主要发生期和发生晚期显著高于发生早期（温室螺丝椒，$F_{2,11}=59.82$，$P<0.05$；露地螺丝椒，$F_{2,11}=26.33$，$P<0.05$；云南皱皮辣，$F_{2,11}=6.09$，$P=0.02$；太空椒，$F_{2,11}=11.09$，$P<0.05$）（图 4-20）。

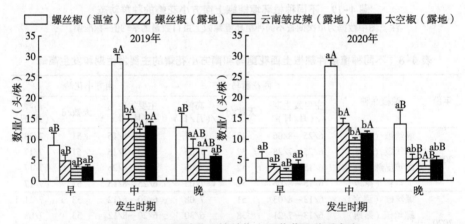

图 4-20 不同种植环境辣椒上西花蓟马种群密度

注：图柱上不同小写字母代表同一时期不同种植环境辣椒上蓟马数量的差异显著性，不同大写字母代表同一辣椒不同时期间的差异显著性（Tukey's HSD 检验，$P<0.05$）。

2020 年时，西花蓟马和南方小花蝽在不同发生时期的种群数量变化与 2019 年相似。其中西花蓟马在温室螺丝椒上主要发生期的种群数量（27.60 头/株）最高（$F_{3,17}=52.8$，$P<0.05$），南方小花蝽在露地螺丝椒上主要发生期种群数量（2.58 头/株）最高，不同辣椒间差异显著（$F_{3,20}=4.78$，

$P=0.01$）。发生晚期时南方小花蝽数量在不同辣椒间差异不显著（$F_{3,8}=4.78$，$P=0.11$）（图 4-20，图 4-21）。

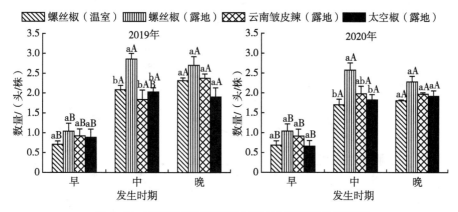

图 4-21 不同种植环境辣椒上南方小花蝽的种群密度

注：图柱上不同小写字母代表同一时期不同种植环境辣椒上蓟马数量的差异显著性，不同大写字母代表同一辣椒不同时期间的差异显著性（Tukey's HSD 检验，$P<0.05$）。

4.3.2.6 在温室和露地中西花蓟马的活动规律

不同天气条件下，其日间的活动变化基本一致，在夜间活动较少。在日间，露地西花蓟马的主要活动时间为 12：00—16：00，温室西花蓟马主要活动时间为 10：00—18：00。晴天时，露地辣椒上西花蓟马在 12：00—14：00 迅速增加，14：00 调查时达到最大值。而温室辣椒上在 8：00—10：00 即迅速增加，12：00 调查时达到最大值，12：00—16：00 调查时有下降的趋势。阴天时西花蓟马减少活动，但温室辣椒上西花蓟马依然比露地活跃，并在 14：00 达到最大值（图 4-22）。受天气影响明显，蓟马在晴天比阴天更活跃。不管是晴天还是阴天，温室辣椒上西花蓟马均要比露地活动更早，并且持续时间更长。温室辣椒上西花蓟马种群数量远高于露地辣椒上的西花蓟马数量。

种植环境会影响蓟马的种类、西花蓟马和天敌南方小花蝽的种群动态，在过去的研究中很少关注到温室种植辣椒对蓟马种类和种群发生情况的影响。不同种植条件下，西花蓟马均为辣椒上的优势种，且在温室辣椒上所占比例高于露地种植。蒋兴川等（2013）对昆明地区花期辣椒上的蓟马优势种调查发现，西花蓟马是优势种，黄蓟马较少，与本研究结果一致。西花蓟马数量较高可能由于昆明属于北亚热带，夏季高温多雨，更适宜其活动和生

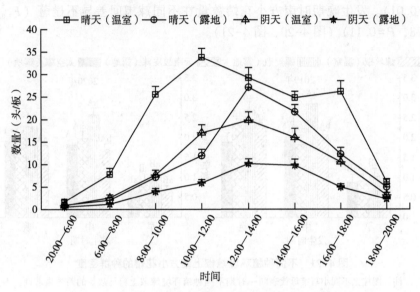

图 4-22　不同种植和天气条件下西花蓟马的日活动规律

长。加之昆明花卉、蔬菜调运频繁，蔬菜种植区杀虫剂广泛使用等原因给西花蓟马的传播和危害提供便利，促使西花蓟马成为昆明本地蓟马的优势种（张治军等，2012）。西花蓟马在云南不同地区的多种作物上已经成为优势种蓟马；在澳大利亚昆士兰州种植的辣椒上西花蓟马和棕榈蓟马种群数量较高（Walsh *et al*., 2012）；而美国的佛罗里达地区的西花蓟马和佛罗里达花蓟马（*Frankliniella bispinosa*）是辣椒上的优势种（Frantz *et al*., 2009）。以上研究表明不同地区的辣椒上蓟马种类和优势种具有多样性，且西花蓟马为多个地区辣椒上的优势种，这可能是由于不同地区所具有的气候条件及田间的微环境之间的差异造成的（韩冬银等，2019）。近年来随着西花蓟马入侵并扩散到云南各地区，与当地原有蓟马种类产生种群竞争，打破其原有的生态平衡。Cao 等（2018）研究了在室外和室内环境中，西花蓟马和黄胸蓟马在月季上种群竞争能力为西花蓟马较强。西花蓟马的入侵严重影响当地蓟马的种类组成和分布，导致蓟马种类多样性下降、蓟马危害日趋复杂化，给防治带来新难题，因此在蓟马防治中更应注意对西花蓟马的防治手段。但是温室内不同条件对蓟马种类的影响需要进一步研究。

　　许多研究表明，天敌跟猎物之间的种群数量存在相关性，即天敌与害虫之间存在一定的跟随现象（刘爱国等，2020）。本研究表明，西花蓟马在两年的主要发生期均早于南方小花蝽 10~23 d，其主要发生期持续时间均短于南方小花蝽。南方小花蝽在种群发生晚期依然有较高的种群密度，这表明西花蓟马种群数量上升给南方小花蝽提供了更多的食物来源，两者的种群数量互相影响。在田间不同时期，猎物的增多给天敌提供了更多的食物，从而影响种群数量。如程娴等（2018）研究茶园中天敌对花蓟马和茶短须螨（*Brevipalpus obovatus*）种群跟随效应结果表明，花蓟马与天敌龟纹瓢虫（*Propylea japonica*），茶短须螨与天敌斜纹猫蛛（*Oxyopes sertatus*）存在密切的跟随关系。此外，麦田中龟纹瓢虫种群数量随麦蚜的数量变化而变化（李文强等，2017）。这些研究结果进一步表明不同的害虫与天敌间在种群增长上存在密切关系，因此，在田间采用生物防治措施，释放天敌控制害虫时需要充分考虑天敌的释放时机。本研究发现在自然状态下，南方小花蝽与西花蓟马种群高峰期不一致，南方小花蝽的发生高峰晚于西花蓟马的发生高峰，采用人工释放南方小花蝽防治西花蓟马，可根据蓟马活动规律在暴发前10~20 d进行释放。

寄主植物进入花期后对蓟马的种群增长具有较大影响，蓟马在寄主植物开花后种群迅速繁殖，数量在短期内升高，进而取食植物花朵及传播植物病毒造成严重危害。研究发现，两种昆虫种群数量均在辣椒进入花期后增加，特别是西花蓟马在辣椒花期时达到最大值。蓟马对花朵取食趋性可能是因为花朵中存在较多花粉，而花粉中氨基酸高有利于蓟马生长发育（Hulshof *et al.*，2003）。温室辣椒上西花蓟马数量高时达33.4头/株，高于露地种植各辣椒上的西花蓟马数量，并且在蓟马的整个活动期内各辣椒品种上的蓟马种群数量差异显著，这可能由于不同品种对西花蓟马的抗性不同进而影响西花蓟马种群数量（庞洪翠，2017）。在露地种植的3种辣椒上，南方小花蝽在螺丝椒上种群数量较高，可能由于螺丝椒上蓟马数量高给南方小花蝽提供了更多的食物。而温室螺丝椒上西花蓟马种群数量较高，南方小花蝽在数量上却缺少优势，可能是由于温室形成的小气候中温度相对较高，抑制了南方小花蝽种群增长。不同自然环境中，温度的变化是影响昆虫活动的重要因素之一（何云川等，2018）。如莫利锋等（2013）研究发现在适宜温度下，南方小花蝽对西花蓟马的捕食效能随温度的上升而提高，在低温和高温环境下其捕食效能下降，寻找效应降低，温度会影响南方小花蝽对蓟马的捕食作用；此外温室中缺乏蜜源植物也可能影响小花蝽种群数量，张昌容等（2010）研究发现，添加蜂蜜水后南方小花蝽的雌成虫寿命和产卵量显著提高。

温室种植辣椒越来越普遍，明确温室辣椒上主要害虫蓟马的日活动规律是高效治理蓟马的前提。通过研究西花蓟马在辣椒上的日活动规律显示，在温室和露地两种不同种植条件下以及晴天和阴天两种不同天气状态下，西花蓟马在夜间的活动较少，在日间的主要活动时间段为 12：00—16：00。这与黄胸蓟马在香蕉园中（付步礼等，2019）以及芒果蓟马的活动（韩冬银等，2015）节律基本一致。晴天时蓟马的活动强于阴天，研究表明温度、湿度和降雨等条件会综合影响蓟马的种群活动情况。温室中蓟马开始活跃的时间点早于露地，但在 12：00—16：00 时呈现出下降趋势，这与烟蓟马和西花蓟马在温室中黄瓜上活动节律相似（梁兴慧，2010）。因此，防治蓟马时可选择上午和傍晚主要活动时间进行，以获得更好的防治效果。温室辣椒上西花蓟马种群数量明显高于露地，可能是由于西花蓟马对高温的适应能力强（盖海涛等，2010），并且夜间温室温度高于露地能为其提供庇护。再者，温室中的蓟马受到风、雨等天气原因及农事操作的影响较小，均为蓟马繁殖和生存提供适宜的条件。

4.4 不同害虫在不同寄主上的空间分布

4.4.1 不同寄主上西花蓟马的时空分布规律

4.4.1.1 菊花、菊苗上西花蓟马种群分布

所处高度对西花蓟马种群数量的变化有一定的相关性，西花蓟马的种群数量呈现出随高度增加种群数量先减少后增加后又减少的趋势，在试验设定的 0~220 cm 处均有西花蓟马的存在，西花蓟马在离菊苗顶端 5~20 cm 时最多，此时单体棚内种群数量为 85.33 头/板，种群数量与 60~80 cm、80~100 cm、100~120 cm、120~140 cm、140~160 cm、180~200 cm、200~220 之间存在显著差异（$F_{10,22}=5.211$，$P=0.001$）。连栋温室内达到了 28.60 头/板。另外，西花蓟马种群数量随着高度的增加减少，单体棚内 100~120 cm 处的西花蓟马种群数量随着高度的增加而增加，到 160~180 cm 时种群数量达到第二个小高峰，此时的种群数量为 39.67 头/板，随后开始减少，在 200~220 cm 处西花蓟马的种群数量最低为 10.00 头/板；连栋温室内 280~300 cm 时西花蓟马的种群数量达到了第二高峰，此时的种群数量为 3.4 头/板（图 4-23）。

西花蓟马能在普通温室中及作物田周边的杂草等植物上越冬，在植物上

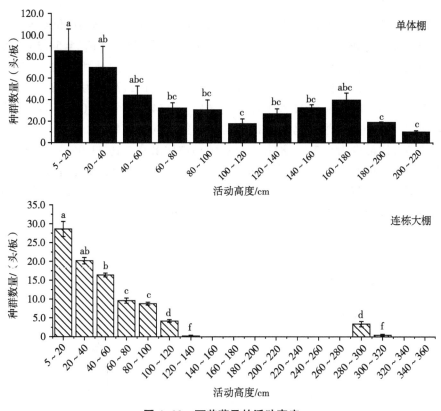

图 4-23 西花蓟马的活动高度

注：图中数据为平均值±标准误，图中小写字母为不同高度下西花蓟马种群数量间的差异显著性（Tukey's HSD 检验，$P<0.05$）。

的越冬西花蓟马是翌年春季各种作物上的主要虫源扩散中心。因此越冬虫口数量的控制对防止翌年西花蓟马的传播具有重要作用，若能有效控制其数量，便能减小暴发的可能性。云南省文山州地处低纬高原，大部分为亚热带气候，季节气温变化较小，并且此地为烟草主要种植区，西花蓟马在烟草上危害严重。而冬季则在烟草种植区的豌豆、油菜、小麦等作物上越冬。目前，随着西花蓟马的入侵扩散，各地的主要蓟马类群的分布及抗药性也在不断发生变化。

4.4.1.2 油菜、豌豆、萝卜上蓟马种群分布

4.4.1.2.1 3 种作物花期蓟马种类及比例

通过系统调查，砚山县冬季花期油菜、豌豆、萝卜 3 种作物上主要蓟马

种类为西花蓟马、花蓟马、黄蓟马、烟蓟马，而其他蓟马数量均较少。不同作物上各种蓟马所占的比例不同，在豌豆植株上以西花蓟马的比例最高，达到 38.1%，显著高于占比第二的烟蓟马 16.0 个百分点（$F_{1,4} = 54.34$，$P < 0.05$），西花蓟马的种群数量比例分别是烟蓟马、花蓟马和黄蓟马的 1.7 倍、2.6 倍、2.5 倍。萝卜植株上以黄蓟马所占比例最高，为 42.8%，显著高于占比第二的烟蓟马 21.6 个百分点（$F_{1,4} = 154.86$，$P < 0.05$），萝卜上黄蓟马的占比分别是烟蓟马、西花蓟马、花蓟马的 2.0 倍、2.7 倍、4.4 倍，花蓟马占比最少为 9.7%；油菜上以黄蓟马占比最高，达 33.9%，显著高于占比第二的西花蓟马 11.8 个百分点（$F_{1,4} = 10.06$，$P < 0.05$），油菜上黄蓟马分别是西花蓟马、烟蓟马、花蓟马的 1.6 倍、2.0 倍、2.2 倍，油菜上花蓟马在所有蓟马中亦占比最少，为 15.1%（图 4-24）。

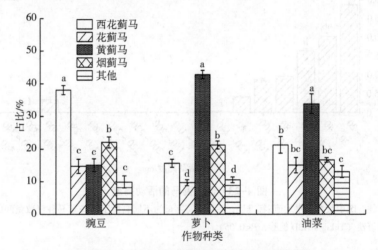

图 4-24　3 种作物花期蓟马的种类及数量比例

注：图中数值为平均值±标准误。图柱上不同小写字母表示同一作物上不同种类蓟马占百分比数值间的差异显著性（$P < 0.05$，Duncan's 新复极差法）。

4.4.1.2.2　4 种主要蓟马成虫的空间分布型

从表 4-9 可以看出，4 种蓟马在不同作物上均有分布，并且聚集度指标分别为扩散系数 $C > 1$，负二项分布参数 $K > 0$，$C_A > 0$，丛生指数 $I > 0$，聚块性指数 $m^*/m > 1$，由以上聚集指标可判断 4 种蓟马在不同作物上均为聚集分布（表 4-9）。

表4-9 不同作物上4种蓟马的聚集指标及空间分布型

蓟马种类	作物种类	C	K	C_A	I	m^*/m	空间分布型
西花蓟马	豌豆	3.791	1.768	0.566	2.791	1.566	聚集
	萝卜	4.864	1.357	0.737	3.864	1.737	聚集
	油菜	5.342	1.034	0.967	4.342	1.967	聚集
花蓟马	豌豆	2.879	1.005	0.995	1.879	1.995	聚集
	萝卜	3.717	1.194	0.837	2.717	1.837	聚集
	油菜	3.874	1.137	0.880	2.874	1.880	聚集
黄蓟马	豌豆	3.508	0.780	1.282	2.508	2.282	聚集
	萝卜	7.750	2.127	0.470	6.750	1.470	聚集
	油菜	4.883	1.906	0.525	3.883	1.525	聚集
烟蓟马	豌豆	3.639	1.095	0.914	2.639	1.914	聚集
	萝卜	4.779	1.882	0.531	3.779	1.531	聚集
	油菜	4.134	1.134	0.882	3.134	1.882	聚集

由 Iwao 回归模型结果得出，不同蓟马的种群个体之间为相互吸引，种群的分布个体成分为个体群；不同蓟马在不同作物上均为聚集分布，与以上各聚集指标的规律一致。Taylor 模型反映出蓟马种群的聚集度对密度具有依赖性，表明蓟马在任何种群密度下的分布均属于聚集分布，并且种群的聚集度随密度的升高而增大（表4-10）。

表4-10 不同作物上4种蓟马的空间分布 Iwao 及 Taylor 模型

蓟马种类	作物种类	Iwao 模型		Taylor 模型	
		Iwao 方程	相关系数 R	Taylor 方程	相关系数 R
西花蓟马	豌豆	$y=1.156x+0.800$	0.990	$y=1.294x+0.207$	0.975
	萝卜	$y=1.233x+1.409$	0.863	$y=1.343x+0.312$	0.808
	油菜	$y=1.367x+1.717$	0.898	$y=1.401x+0.379$	0.888
花蓟马	豌豆	$y=1.448x+0.656$	0.813	$y=1.356x+0.299$	0.849
	萝卜	$y=1.108x+1.570$	0.877	$y=1.130x+0.398$	0.867
	油菜	$y=1.476x+0.338$	0.923	$y=1.448x+0.230$	0.896
黄蓟马	豌豆	$y=1.423x+1.193$	0.816	$y=1.249x+0.407$	0.879
	萝卜	$y=1.111x+1.505$	0.989	$y=1.394x+0.157$	0.916
	油菜	$y=1.105x+1.091$	0.984	$y=1.295x+0.202$	0.922
烟蓟马	豌豆	$y=1.270x+1.258$	0.886	$y=1.199x+0.364$	0.889
	萝卜	$y=1.071x+1.416$	0.959	$y=1.143x+0.343$	0.846
	油菜	$y=1.164x+1.639$	0.913	$y=1.832x+0.024$	0.858

4.4.1.2.3　4种主要蓟马成虫聚集原因分析

聚集均数计算结果表明，4种蓟马在不同作物上的聚集均数变化规律与种群密度变化一致（表4-11），其中各种蓟马的最高种群密度在不同作物上呈现出不同的结果，花蓟马在油菜上的种群密度最高，为3.267头/株；而西花蓟马、黄蓟马、烟蓟马在萝卜上种群密度最高，分别为5.244头/株、14.356头/株、7.111头/株。除豌豆上的花蓟马和黄蓟马外，其余作物上的蓟马成虫的聚集均数均大于2头/株，说明蓟马成虫的聚集原因主要是自身习性造成的。豌豆上的花蓟马和黄蓟马少于2.000头/株，具有较低的种群密度。

表4-11　不同作物上4种蓟马的聚集均数

蓟马种类	作物种类	平均密度（头/株）	自由度	卡平方值	聚集均数
西花蓟马	豌豆	4.933	3.535	2.897	4.042
	萝卜	5.244	2.715	2.086	4.031
	油菜	4.489	2.068	1.452	3.153
花蓟马	豌豆	1.889	2.011	1.397	1.312
	萝卜	3.244	2.388	1.766	2.400
	油菜	3.267	2.273	1.654	2.376
黄蓟马	豌豆	1.956	1.560	0.976	1.224
	萝卜	14.356	4.253	3.609	12.180
	油菜	7.400	3.811	3.170	6.155
烟蓟马	豌豆	2.889	2.189	1.571	2.074
	萝卜	7.111	3.764	3.123	5.900
	油菜	3.556	2.269	1.649	2.585

4.4.1.3　不同时期和部位四季豆叶片上西花蓟马平均密度

4.4.1.3.1　成熟期与开花期西花蓟马平均密度比较

不同时期不同部位西花蓟马种群数量比较结果如图4-25所示，在各个时期均有西花蓟马活动，不同的时期和部位对西花蓟马的数量有明显差异（图4-25A、B）。其中西花蓟马成虫在成熟期上部最多，若虫在开花期下部最多。成熟期上、下部成虫分别有1.78头/叶、1.27头/叶，开花期上、下部成虫分别有0.44头/叶、0.53头/叶，成熟期上、下部成虫数量显著高于开花期上、下部成虫（$P<0.05$）。成熟期、开花期上部若虫分别有3.69头/叶、0.47头/叶，成熟期上部若虫显著高于开花期上部若虫（$P<0.05$）。成熟期上、下部成虫分别有1.78头/叶、1.27头/叶，上部成虫显著高于下部成虫（$P<0.05$）。开花期上、下部若虫分别有0.47头/叶、4.22头/叶，下部若虫显著高于上部若虫（$P<0.05$）。由图4-25（C）、（D）可知，在开

花期时，成虫上、下部比例分别为49.33%、12.91%，上部显著高于下部（$P<0.05$），若虫上、下部比例分别为50.67%、87.09%，下部显著高于上部（$P<0.05$）；在成熟期时，成虫、若虫比例在各个部位差异不显著（$P>0.05$）（图4-25）。

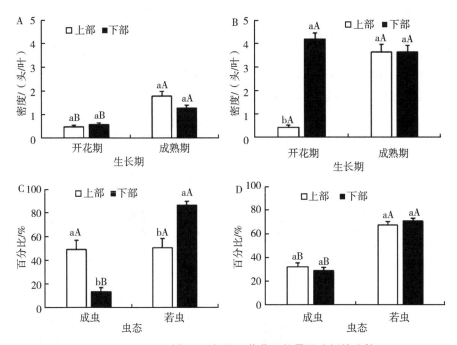

图4-25 不同时期不同部位西花蓟马数量及比例的比较

注：图中参数为平均值+标准误；图中的A、B、C、D分别为成虫、若虫、开花期和成熟期；不同大写字母表示同一部位不同生长期之间蓟马的数量差异显著（A和B），或者同一部位不同虫态蓟马的比例差异显著（C和D）；不同小写字母表示同一生长期不同部位之间蓟马数量差异显著（A和B），或者同一部位不同虫态蓟马的比例差异显著（C和D），经Duncan's新复极差法对显著性检验后在$P<0.05$水平上差异显著。

4.4.1.3.2 不同颜色叶片上西花蓟马平均密度比较

不同颜色不同部位西花蓟马数量及比例比较如图4-26所示。由图4-26（A）、（B）可知，深绿色、浅绿色对西花蓟马数量有显著影响。其中成虫、若虫均在深绿色叶片上部最多，成虫、若虫在深绿色叶片上部分别为4.93头/叶和21.44头/叶，在浅绿色叶片上部分别为1.78头/叶和3.68头/叶，深绿色叶片上虫数显著高于浅绿色叶片上虫数（$P<0.05$）。下部若虫在深绿色叶片上为9.20头/叶，在浅绿色叶片为3.33头/叶，深绿色叶片上虫数显

著高于浅绿色叶片（*P*<0.05）；成虫在上部深绿色叶片为 4.93 头/叶，在下部深绿色叶片上为 1.07 头/叶，深绿色叶片上部虫数显著高于下部虫数；成虫在浅绿色叶片上、下部分别为 1.78 头/叶、1.27 头/叶，上部成虫显著高于下部成虫（*P*<0.05）；若虫在上、下部深绿色叶片分别为 21.44 头/叶、9.2 头/叶，上部若虫显著高于下部若虫（*P*<0.05）。由图 4-26（C）、（D）可知，在叶片深绿色时，上、下部成虫比例分别为 19.18%、11.97%，上部显著高于下部（*P*<0.05），上、下部若虫比例分别为 80.82%、88.03%，下部显著高于上部（*P*<0.05）；在叶片浅绿色时，在上、下部成虫、若虫比例差异不显著（*P*>0.05）（图 4-26）。

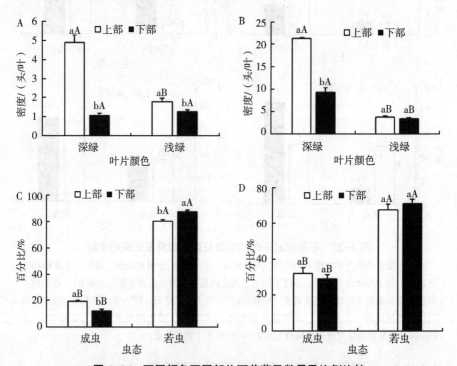

图 4-26 不同颜色不同部位西花蓟马数量及比例比较

注：图中参数为平均值+标准误；图中的 A、B、C、D 分别为成虫、若虫、开花期和成熟期；不同大写字母表示同一部位不同生长期之间蓟马的数量差异显著（A 和 B），或者同一部位不同虫态蓟马的比例差异显著（C 和 D）；不同小写字母表示同一生长期不同部位之间蓟马数量差异显著（A 和 B），或者同一部位不同虫态蓟马的比例差异显著（C 和 D），经 Duncan's 新复极差法对显著性检验后在 *P*<0.05 水平上差异显著。

4.4.1.3.3 菜豆叶片上西花蓟马的空间分布西花蓟马聚集度指标

西花蓟马在田间的种群聚集度指标如表 4-12 所示。从表中可以看出所调查的开花期四季豆上成虫、若虫在上部均呈均匀分布，在下部成虫呈聚集分布，若虫呈均匀分布；在成熟期深绿色叶片上，成虫、若虫在上部均呈聚集分布，在下部成虫呈均匀分布，若虫呈聚集分布；在成熟期浅绿色叶片上，成虫、若虫在上部均呈聚集分布，在下部成虫呈均匀分布，若虫呈聚集分布（表4-12）。

表4-12 西花蓟马成虫、若虫在四季豆不同时期不同部位聚集度指标

发育时期（叶片颜色）	位置	C	m^*/m	I	C_A	K	空间分布型
成熟期/成虫（深绿色）	上	1.36	1.07	0.36	0.07	13.78	聚集
	下	0.61	0.64	-0.39	-0.36	-2.76	均匀
成熟期/若虫（深绿色）	上	3.20	1.10	2.20	0.10	9.76	聚集
	下	5.25	1.46	4.25	0.46	2.01	聚集
成熟期/成虫（浅绿色）	上	1.02	1.01	0.02	0.01	89.40	聚集
	下	0.41	0.53	-0.59	-0.46	-2.14	均匀
成熟期/若虫（浅绿色）	上	1.30	1.08	0.30	0.08	12.14	聚集
	下	1.12	1.03	0.12	0.03	28.21	聚集
开花期/成虫	上	0.84	0.65	-0.16	-0.34	-2.87	均匀
	下	2.25	1.29	1.25	0.29	3.38	聚集
开花期/若虫	上	0.77	0.49	-0.23	-0.51	-1.96	均匀
	下	0.73	0.50	-0.27	-0.50	-2.00	均匀

4.4.1.3.4 Iwao 回归模型

根据调查的数据进行平均数（m）和平均拥挤度（m^*）回归方程的拟合，成虫回归方程为 $y=1.907x-1.007$，若虫的回归方程为 $y=1.136x-0.271$。在成虫和若虫的回归方程中 $\alpha<0$，说明个体间相互排斥，$\beta>1$，说明西花蓟马在四季豆上的分布为聚集分布，与用聚集度指标法测定的结果一致（图4-27）。

4.4.2 不同寄主上西花蓟马与其他害虫的生态位

4.4.2.1 菊花和菊苗上主要害虫的时间生态位宽度和生态位重叠

生态位宽度表示一个物种利用资源的能力和对环境的适应性。菊苗和菊花上主要害虫的时间生态位宽度为白粉虱>桃蚜>西花蓟马>菊潜叶蝇。菊花上主要害虫的生态位宽度较菊苗上高。白粉虱在菊花和菊苗上所占的时间最长，对时间资源的利用率较高，菊潜叶蝇在菊花和菊苗上的时间生态位最

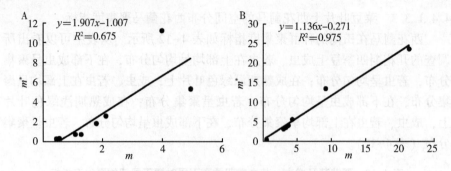

图 4-27 西花蓟马四季豆种群的 Iwao 回归方程

注：A 为成虫 Iwao 回归方程；B 为若虫 Iwao 回归方程。

短，对菊花和菊苗的危害比较集中。桃蚜与其他主要害虫的生态位重叠指数为白粉虱（2020 年苗为 0.911，2020 年花为 0.907 9，2021 年苗为 0.802 8，2021 年花为 0.983）>西花蓟马（2020 年苗为 0.728 3，2020 年花为 0.857 9，2021 年苗为 0.573 7，2021 年花为 0.836 6）>菊潜叶蝇（2020 年苗为 0.520 7，2020 年花为 0.569，2021 年苗为 0.491 4，2021 年花为 0.533 6）。生态位重叠指数表示物种与物种间相似的生态适应性和生物学特性。物种间时间生态位重叠指数越高，说明种间竞争关系强或者捕食关系密切。在 4 种主要害虫中白粉虱与桃蚜的生态位重叠指数最大，在时间上所占的资源较相似，两者存在竞争关系。4 种主要害虫在菊花上的重叠指数高于在菊苗上的重叠指数（表 4-13）。

4.4.2.2 不同种植环境主要害虫的生态位

2020 年西花蓟马的时间生态位宽度为连栋温室（9.869）>单体棚（7.803）>露地（6.569），2021 年西花蓟马的生态位宽度为单体棚（8.050）>露地（5.959）>连栋温室（5.744），从 2020—2021 年西花蓟马在露地和连栋温室内的生态位宽度减小，在单体棚内的生态位宽度增加。西花蓟马和菊潜叶蝇的生态位重叠指数 2020 年为连栋温室（0.756）>露地（0.657）>单体棚（0.485），2021 年为单体棚（0.827）>连栋温室（0.789）>露地（0.716）（表 4-14）。

2020 年菊潜叶蝇的生态位宽度为连栋温室（10.342）>露地（4.616）>单体棚（4.100）；2021 年菊潜叶蝇的生态位宽度为露地（6.750）>单体棚（5.773）>连栋温室（5.023）。菊潜叶蝇的时间生态位在露地和单体棚内增加，在连栋温室内降低（表 4-14）。

表 4-13　菊花和菊苗上主要害虫的时间生态位宽度和生态位重叠

主要害虫	桃蚜				西花蓟马				白粉虱				菊潜叶蝇			
	2020 M	2020 H	2021 M	2021 H	2020 M	2020 H	2021 M	2021 H	2020 M	2020 H	2021 M	2021 H	2020 M	2020 H	2021 M	2021 H
桃蚜	28.358	30.859	19.749	34.578												
西花蓟马	0.728	0.858	0.574	0.837	18.159	21.343	21.409	21.105								
白粉虱	0.911	0.908	0.803	0.908	0.690	0.819	0.765	0.837	38.054	33.826	31.428	32.245				
菊潜叶蝇	0.521	0.569	0.491	0.534	0.577	0.654	0.415	0.520	0.488	0.429	0.391	0.364	11.749	11.202	9.466	10.309

注：M 代表菊苗，H 代表菊花。对角线数据为生态位宽度指数，对角线以下为生态位重叠指数。

表 4-14　不同种植环境下菊苗上主要害虫的时间生态位宽度和生态位重叠

年份	主要害虫	西花蓟马			菊潜叶蝇			白粉虱			桃蚜		
		露地	单体棚	连栋温室	露地	单体棚	连栋温室	露地	单体棚	连栋温室	露地	单体棚	连栋温室
2020	西花蓟马	6.569	7.803	9.869									
	菊潜叶蝇	0.657	0.485	0.756	4.616	4.100	10.342						
	白粉虱	0.883	0.215	0.888	0.525	0.161	0.740	5.074	1.794	14.343			
	桃蚜	0.879	0.420	0.745	0.723	0.769	0.916	0.860	0.163	0.720	7.417	7.260	10.113
2021	西花蓟马	5.959	8.050	5.744									
	菊潜叶蝇	0.716	0.827	0.789	6.750	5.773	5.023						
	白粉虱	0.632	0.649	0.228	0.737	0.551	0.405	5.405	6.466	10.289			
	桃蚜	0.627	0.610	0.656	0.740	0.661	0.757	0.618	0.512	0.623	10.687	1.958	8.108

注：对角线数据为生态位宽度指数，对角线以下为生态位重叠指数。

2020 年白粉虱的生态位宽度为连栋温室（14.343）>露地（5.074）>单体棚（1.794）；2021 年白粉虱的时间生态位为连栋温室（10.289）>单体棚（6.466）>露地（5.405）。白粉虱在露地和单体棚内的时间生态位宽度逐年增加，在连栋温室内的生态位宽度逐年降低（表4-14）。

2020 年桃蚜的生态位宽度为连栋温室（10.113）>露地（7.417）>单体棚（7.260）；2021 年桃蚜的时间生态位宽度为露地（10.687）>连栋温室（8.108）>单体棚（1.958）。桃蚜在露地上的时间生态位宽度增加，在单体棚和连栋温室内均下降（表4-14）。

4.4.2.3 不同种植方式菊苗上主要害虫的时间生态位

西花蓟马、菊潜叶蝇、白粉虱 3 种害虫的生态位宽度土壤菊苗大于苗床菊苗，桃蚜生态位宽度在土壤菊苗为10.24，大于苗床菊苗的11.11。土壤上主要害虫的生态位宽度，西花蓟马（24.523 1）>白粉虱（21.493）>菊潜叶蝇（12.069 8）>桃蚜（10.240 1）。苗床菊苗主要害虫的生态位宽度为白粉虱（17.340 1）>西花蓟马（16.386 3）>桃蚜（11.111 1）>菊潜叶蝇（4.158 3）。各主要害虫间的生态位重叠指数土壤菊苗>苗床菊苗（表4-15）。

表 4-15　不同种植方式菊苗上主要害虫的时间生态位宽度和生态位重叠指数

主要害虫	西花蓟马		菊潜叶蝇		白粉虱		桃蚜	
	T	M	T	M	T	M	T	M
西花蓟马	24.523	16.386						
菊潜叶蝇	0.725	0.318	12.070	4.158				
白粉虱	0.681	0.587	0.497	0.276	21.493	17.340		
桃蚜	0.555	0.305	0.790	0.183	0.481	0.409	10.240	11.111

注：T 为土壤菊苗，M 为苗床菊苗；对角线数据为生态位宽度指数，对角线以下为生态位重叠指数。

4.4.2.4 辣椒田蓟马及主要天敌昆虫的种群时间生态位

由表 4-16 可得，2019 年蓟马类害虫的生态位宽度较宽的为黄蓟马和八节黄蓟马，分别为 0.80 和 0.66；主要天敌中生态位较宽的为南方小花蝽，为 0.73。

2019 年辣椒田主要蓟马类害虫生态位重叠指数以黄蓟马和八节黄蓟马最高，为 0.95；其次为黄蓟马和花蓟马，为 0.92；再次为西花蓟马和花蓟马，为 0.90；说明这几种蓟马种群数量随时间变化规律近似。天敌昆虫害虫中南方小花蝽和黄蓟马的生态位重叠指数最高，为 0.98，南方小花蝽和西花蓟马以及二叉小花蝽和花蓟马均为 0.93。

表 4-16　2019 年辣椒田蓟马及主要天敌昆虫种群时间生态位宽度和重叠指数

生态位	T.p	T.t	F.o	A.y	T.h	T.f	T.fd	F.i	H.c	M.d	O.s	H.a	O.b
T.p	0.18	0.73	0.77	0.52	0.79	0.61	0.64	0.59	0.69	0.23	0.70	0.84	0.61
T.t		0.12	0.51	0.70	0.85	0.38	0.36	0.52	0.50	0.12	0.49	0.69	0.40
F.o			0.52	0.62	0.61	0.92	0.89	0.90	0.91	0.65	0.93	0.88	0.91
A.y				0.38	0.69	0.53	0.44	0.61	0.64	0.33	0.55	0.65	0.56
T.h					0.07	0.46	0.46	0.58	0.50	0.30	0.57	0.70	0.56
T.f						0.80	0.95	0.92	0.90	0.69	0.98	0.81	0.91
T.fd							0.66	0.88	0.83	0.62	0.92	0.84	0.87
F.i								0.52	0.82	0.77	0.91	0.78	0.93
H.c									0.67	0.58	0.90	0.87	0.78
M.d										0.16	0.65	0.43	0.81
O.s											0.73	0.83	0.90
H.a												0.52	0.72
O.b													0.56

注：F.o 为西花蓟马，T.f 为黄蓟马，T.fd 为八节黄蓟马，F.i 为花蓟马，H.c 为华简管蓟马，M.d 为端大蓟马，T.p 为棕榈蓟马，A.y 为云南纹蓟马，T.t 为烟蓟马，T.h 为黄胸蓟马，O.s 为南方小花蝽，O.b 为二叉小花蝽，H.a 为异色瓢虫。主对角线为生态位宽度指数，主对角线以上为生态位重叠指数。

由表 4-17 可得，2020 年蓟马类害虫的生态位宽度较宽的有八节黄蓟马、黄蓟马和花蓟马，分别为 0.87、0.85 和 0.82；主要的 3 种天敌生态位宽度近似，分别为南方小花蝽 0.76，异色瓢虫 0.71 和二叉小花蝽 0.64（表4-17）。

2020 年辣椒田主要蓟马类害虫生态位重叠指数以黄蓟马和八节黄蓟马最高，为 0.98，其次为黄蓟马和花蓟马、八节黄蓟马和花蓟马，均为 0.97，再次为西花蓟马和黄蓟马，为 0.92，说明这几种蓟马种群数量随时间变化规律近似（表 4-17）。天敌昆虫中南方小花蝽和黄蓟马的生态位重叠指数最高，为 0.99，其次是南方小花蝽和八节黄蓟马，为 0.97，再次是异色瓢虫和黄蓟马，为 0.96。2020 年天敌昆虫彼此间生态位重叠指数比 2019 年有所增加，其中南方小花蝽和异色瓢虫的生态位重叠指数达到了 0.95。3 种天敌昆虫的生态位宽度相近，且生态位重叠指数相似（表 4-17）。

表 4-17　2020 年辣椒田蓟马及主要天敌昆虫种群时间生态位宽度和重叠指数

生态位	T.p	T.t	F.o	A.y	T.h	T.f	T.fd	F.i	H.c	M.d	O.s	H.a	O.b
T.p	0.70	0.32	0.85	0.63	0.46	0.91	0.86	0.90	0.76	0.68	0.92	0.93	0.86
T.t		0.07	0.42	0.07	0.14	0.39	0.43	0.43	0.34	0.04	0.40	0.45	0.27
F.o			0.57	0.59	0.48	0.92	0.92	0.90	0.84	0.59	0.95	0.92	0.87
A.y				0.33	0.30	0.54	0.55	0.55	0.54	0.30	0.55	0.53	0.44
T.h					0.15	0.53	0.55	0.61	0.61	0.43	0.49	0.48	0.59
T.f						0.85	0.98	0.97	0.92	0.69	0.98	0.96	0.94
T.fd							0.87	0.94	0.94	0.64	0.97	0.93	0.92
F.i								0.82	0.91	0.64	0.95	0.93	0.90
H.c									0.77	0.58	0.88	0.86	0.87
M.d										0.27	0.66	0.64	0.77
O.s											0.76	0.95	0.93
H.a												0.71	0.92
O.b													0.64

注：F.o 为西花蓟马，T.f 为黄蓟马，T.fd 为八节黄蓟马，F.i 为花蓟马，H.c 为华简管蓟马，M.d 为端大蓟马，T.p 为棕榈蓟马，A.y 为云南纹蓟马，T.t 为烟蓟马，T.h 为黄胸蓟马，O.s 为南方小花蝽，O.b 为二叉小花蝽，H.a 为异色瓢虫。主对角线为生态位宽度指数，主对角线以上为生态位重叠指数。

时间生态位宽度表示一个物种在时间序列上的活动情况，一个物种的时间生态位宽度值越大，表明该物种在整个发生期内有更强的稳定性。2019 年和 2020 年辣椒田生态位宽度值最高的 2 种蓟马是黄蓟马和八节黄蓟马，说明黄蓟马和八节黄蓟马在两年中种群动态相对稳定。此研究中种群数量最高的是西花蓟马，但西花蓟马的时间生态位宽度值比黄蓟马和八节黄蓟马低，造成这一现象的原因可能是西花蓟马在种群竞争中处于优势地位，种群数量会在合适发育的时间内大量增长，出现突然增长的现象，最适发育期过后种群数量会突然下降，仅在辣椒生长前期和结果期时西花蓟马种群数量和黄蓟马等相近。此研究中黄蓟马和八节黄蓟马生态位重叠指数最高（2019 年为 0.95，2020 年为 0.98），两者之间有最激烈的种间竞争，此外，黄蓟马和西花蓟马、花蓟马的生态位重叠指数也较高。2019 年蓟马种间生态位重叠指数比 2020 年低，可能是 2020 年蓟马发生量更大，导致种间竞争更激烈。物种可利用资源充足时，种间竞争关系弱，反之则强。2020 年蓟马捕食性天敌间生态位重叠指数比 2019 年高，可能是由于蓟马数量增加的同时，跟随效应天敌数量也增加，导致天敌种间和种内竞争加剧，生态位重叠指数增加。天敌与害虫间的时间生态位重叠指数表示天敌对害虫的控制作用强弱。研究中 3 种主要天敌对黄蓟马和八节黄蓟马时间生态位重叠指数均较高（大于 0.8），说明南方小花蝽、异色瓢虫和二叉小花蝽对黄蓟马和八节黄蓟马有相对较好的控制作用；其中南方小花蝽种群优势明显，并且对两种蓟马的控制作用最好，是蓟马类害虫的重要天敌之一。

4.5　相邻作物上的蓟马种群动态

4.5.1　辣椒及周围杂草上蓟马的种群动态

2017—2018 年调查结果显示，蓟马在不同植物上的种群动态不同，出现的高峰活动期也不相同（图 4-28）。主要作物辣椒上蓟马总平均密度 2017 年成虫为 9.32 头/组，若虫为 8.03 头/组；2018 年成虫为 16.53 头/组，若虫为 11.22 头/组。而主要杂草金丝桃上的蓟马密度更高，在 2017 年

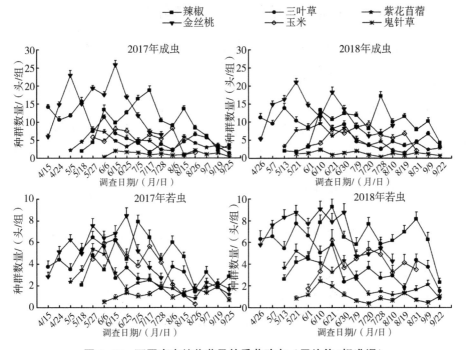

图 4-28　不同寄主植物蓟马的季节动态（平均值+标准误）

成虫为 14.88 头/组；若虫为 10.17 头/组和 2018 年成虫为 22.46 头/组；若虫为 12.80 头/组（图 4-28）。

2017 年蓟马成虫在辣椒上活动期从 5 月中旬开始，逐渐增多，到 6 月上旬辣椒初花期出现第一个峰值（13.40 头/组），至 7 月中旬辣椒盛花期达到最大值（18.84 头/组，$F_{5,144}=68.63$，$P<0.0001$，同一调查日期不同植物上方差分析）；相较于成虫，若虫种群波动更频繁，辣椒上的种群密度在 7 月上旬达到最大值（7.92 头/组，$F_{5,144}=24.68$，$P<0.0001$）；2018 年辣椒上的蓟马成虫种群动态与 2017 年相似，成虫在 7 月下旬达到峰值（17.16 头/组，$F_{5,144}=58.93$，$P<0.0001$），若虫则有 3 个较为明显的峰值，分别在 6 月下旬（9.28 头/组）、7 月下旬（7.68 头/组）和 8 月末（8.16 头/组）。两年中，金丝桃上的蓟马在 5—6 月均有较高密度。在三叶草、紫花苜蓿和鬼针草上，蓟马的成虫和若虫种群数量在 7 月较高，后均有下降，并且蓟马数量维持在较低的水平，鬼针草上的蓟马种群数量一直维持在较低水平（图 4-28）。

4.5.2 玉米等 6 种植物上的蓟马占比调查分析

每月的蓟马采集中，4 月西花蓟马成虫和若虫主要分布在金丝桃和三叶草上，而 5—7 月西花蓟马在 6 种植物上均有分布，5 月和 6 月为金丝桃的盛花期，蓟马在金丝桃上的比例较高，而到 7 月下旬和 8 月上旬金丝桃属于末花期蓟马比例较少（图 4-29）。从 5 月开始，辣椒上的蓟马成虫和若虫比例不断增加，并在 7 月和 8 月辣椒盛花期时辣椒上蓟马种群有较高比例。三叶草上蓟马的比例在辣椒开花后下降，末花期时又有上升。玉米上的蓟马主要集中在 5—8 月，在 6 种植物中比例维持在相对稳定的水平；在整个采集期内，鬼针草上的蓟马比例虽然在 6 月后增加，但始终在较低水平（图 4-29）。

双因素方差分析表明，不同植物上的蓟马成虫和若虫平均密度在 2017 年（成虫，$F_{5,1957}=365.99$；若虫，$F_{5,1957}=83.02$，$P<0.0001$）和 2018 年（成虫，$F_{5,1932}=223.50$；若虫，$F_{5,1932}=169.38$，$P<0.0001$）均有显著差异（图 4-30），并且在植物和不同发生期存在交互作用（2017 成虫，$F_{10,1957}=27.94$；2017 年若虫，$F_{10,1957}=8.58$，$P<0.0001$；2018 成虫，$F_{10,1932}=27.40$；2018 年若虫，$F_{10,1932}=11.09$，$P<0.0001$）（图 4-30）。

2017 年：早期时，不同植物上的蓟马成虫密度存在显著差异（$F_{5,394}=52.83$，$P<0.0001$）（图 4-30）。辣椒上的蓟马密度为 7.37 头/组（包含了

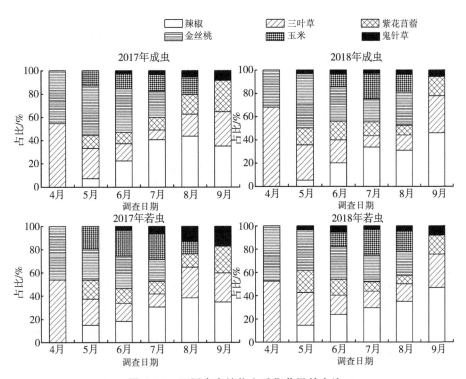

图4-29　不同寄主植物上采集蓟马的占比

5朵花和5片叶片），而最高为金丝桃上的蓟马成虫密度14.55头/组，其次为三叶草上的密度为12.36头/组；在中期时，不同植物上的蓟马密度存在显著差异（$F_{5,869} = 290.47$，$P<0.000\ 1$）。辣椒上的蓟马密度为13.42头/组，金丝桃上的密度达到了19.43头/组，而三叶草上的为8.96头/组。其他几种植物上蓟马密度介于1.20～5.22头/组（早期）和1.32～6.60头/组（中期）（图4-30）。在发生晚期存在显著差异（$F_{5,694} = 73.14$，$P<0.000\ 1$），金丝桃上的蓟马密度下降到10.58头/株，而其他植物上的蓟马密度则在6.78头/组（辣椒）以下。蓟马若虫在不同植物上的密度存在显著差异（早期，$F_{5,444} = 33.31$；中期，$F_{5,844} = 60.30$；晚期，$F_{5,669} = 16.25$，$P<0.000\ 1$），相对于成虫，若虫在不同时期的植物上密度不同，在早期时玉米上的密度最高（5.18头/组），其次为金丝桃（4.73头/组），而辣椒、三叶草和紫花苜蓿上的密度为2.90～4.12头/组，最低为鬼针草上的0.96头/组；在发生中期时则是金丝桃上的蓟马若虫最高（6.76头/组），其次为辣椒（5.82头/组）；发生晚期时不同植物上的蓟马密度均有下降，但最高

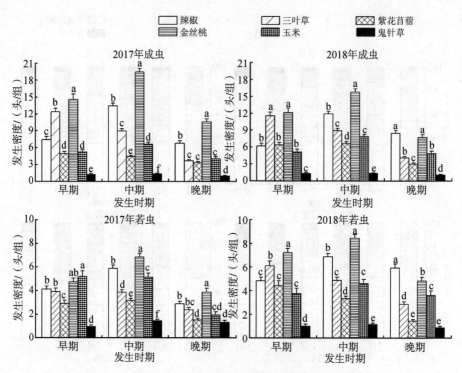

**图4-30 2017—2018年不同寄主植物西花蓟马发生时期
的平均密度比较**

注：图柱上方不同小写字母的表明在不同寄主植物中的蓟马密度存在显著差异（Duncan's
检验，$P<0.05$）。

仍然为金丝桃上的（3.87头/组），其余植物上的低于2.89头/组（图4-
30）。

2018年：早期时，蓟马成虫在不同植物上的密度差异显著（早期，
$F_{5,469}=42.78$；中期，$F_{5,794}=161.84$；晚期，$F_{5,669}=58.03$，$P<0.000\ 1$），其
中在三叶草（11.55头/组）和金丝桃（12.12头/组）上较高。中期时金丝
桃上的蓟马成虫密度达到15.78头/组，辣椒上的蓟马成虫密度达到11.88
头/组。发生晚期时不同植物上的蓟马密度下降，辣椒（8.44头/组）和金
丝桃（7.69头/组）上的密度较高，而其余植物上的密度在4.81头/组以
下。蓟马若虫在不同植物上的种群密度变化与成虫基本相似，若虫密度在不
同植物上差异显著（早期，$F_{5,419}=27.24$；中期，$F_{5,869}=118.12$；晚期，
$F_{5,644}=54.89$，$P<0.000\ 1$），其中在早期，金丝桃上的蓟马若虫密度最高

（7.23 头/组），中期时达到 8.44 头/组。而到发生晚期金丝桃上的蓟马密度下降到 4.83 头/组，此时，辣椒上的蓟马密度最高为 5.92 头/组。在这两年中，三叶草上的蓟马密度在发生早期、发生中期、发生晚期为依次下降，这与三叶草上的蓟马在采集期间从 4 月开始，种群数量动态不断下降有关。而鬼针草上的蓟马种群在所有发生期内密度均较低（图 4-30）。

本章主要参考文献

曹宇，刘燕，王春，等，2015. 西花蓟马对花卉寄主颜色和挥发物的选择性. 应用昆虫学报，52（2）：446-453.

陈雪娇，字秋艳，刘雅婷，等，2012. 温室非洲菊上西花蓟马种群动态和空间分布. 云南农业大学学报（自然科学），27（2）：176-182.

程娴，余燕，王建盼，等，2018. 茶园天敌对花蓟马和茶短须螨的跟随效应研究. 植物保护，44（6）：99-106.

付步礼，夏西亚，邱海燕，等，2019. 香蕉园黄胸蓟马成虫种群的活动节律、消长规律与空间分布. 生态学报，39（13）：4996-5004.

盖海涛，郅军锐，李肇星，等，2010. 西花蓟马和花蓟马在温度逆境下的存活率比较. 生态学杂志，29（8）：1533-1537.

高慧敏，2020. 华北地区常见蓟马种类及防治方法. 现代农村科技（11）：33.

韩冬银，李磊，陈俊谕，等，2019. 气象因素对芒果蓟马种群数量动态的影响. 环境昆虫学报，41（3）：553-558.

韩冬银，邢楚明，李磊，等，2015. 海南芒果蓟马种群的活动及消长规律. 热带作物学报，36（7）：1297-1301.

何云川，杨贵军，王新谱，2018. 鸣翠湖湿地昆虫群落功能团组成及其多样性. 生态学杂志，37（10）：2968-2975.

姜姗，李帅，张彬，等，2016. 极端高温对西花蓟马存活、繁殖特性及体内海藻糖、山梨醇含量的影响. 中国农业科学，49（12）：2310-2321.

蒋兴川，李志华，曹志勇，等，2013. 蔬菜花期蓟马的种群动态与空间分布研究. 应用昆虫学报，50（6）：1628-1636.

蒋兴川，李志华，蒋智林，等，2013. 云南不同生态区辣椒花期蓟马种类及多样性指数比较. 云南农业大学学报（自然科学），28（4）：

451-457.

李娇娇，周仙红，陈浩，等，2018. 日光温室黄瓜烟粉虱与西花蓟马的种群发生动态. 吉林农业（9）：61-62.

李景柱，郅军锐，盖海涛，2011. 寄主和温度对西花蓟马生长发育的影响. 生态学杂志，30（3）：558-563.

李文强，卢增斌，李丽莉，等，2017. 麦蚜与龟纹瓢虫在麦田的空间格局分析. 应用昆虫学报，54（4）：660-666.

李向永，陈福寿，赵雪晴，等，2013. 西花蓟马在月季不同种植模式下的种群发生特点. 应用昆虫学报，50（1）：210-214.

李亚莉，杨永岗，张化生，2012. 轮作与连作对高原夏季甜脆豆病虫害发生及产量的影响. 北方园艺（2）：17-20.

梁兴慧，2010. 两种蓟马的日活动规律及其对植物挥发物的趋性研究. 北京：中国农业科学院.

刘爱国，钱广晶，宋学雨，等，2020. 合肥市白毫早、乌牛早茶园天敌与蓟马的空间跟随关系. 植物保护学报，47（2）：435-445.

刘凌，陈斌，李正跃，等，2011. 石榴园西花蓟马种群动态及其与气象因素的关系. 生态学报，31（5）：1356-1363.

陆继亮，2012. 我国成为日本最大菊花苗供应国. 中国绿色时报，2012-6-19（B01）.

马海燕，徐瑾，郑成淑，等，2011. 非洲菊连作对土壤理化性状与生物性状的影响. 中国农业科学，44（18）：3733-3740.

孟国玲，唐国文，2002. 不同土壤含水量对蓟马化蛹的影响. 长江蔬菜（6）：35-36.

莫利锋，郅军锐，陈祥叶，2013. 温度对南方小花蝽捕食西花蓟马功能反应的影响. 中国生物防治学报，29（2）：187-193.

庞洪翠，2017. 不同辣椒品种对西花蓟马的抗性研究. 银川：宁夏大学.

王海鸿，薛瑶，雷仲仁，2014. 恒温和波动温度下西花蓟马的实验种群生命表. 中国农业科学，47（1）：61-68.

王慧，薛建平，刘浪，等，2014. 菊花种苗蓟马种类和西花蓟马种群季节动态. 云南农业大学学报（自然科学），29（4）：494-499.

吴青君，徐宝云，张友军，等，2007. 西花蓟马对不同颜色的趋性及蓝色粘虫板的田间效果评价. 植物保护，33（4）：103-105.

吴青君，徐宝云，张治军，等，2007. 京、浙、滇地区植物蓟马种类及其分布调查. 中国植保导刊（1）：32-34.

杨波，王晓双，周镇，等，2019. 不同化蛹基质对普通大蓟马蛹期、羽化率及性比的影响. 华南农业大学学报，40（4）：47-51.

岳文波，郅军锐，周丹，等，2019. 西花蓟马和花蓟马在不同玫瑰上的发生消长规律. 植物医生，32（2）：22-26.

张昌容，郅军锐，郑珊珊，等，2010. 添加蜂蜜水对南方小花蝽生长发育和繁殖的影响. 贵州农业科学，38（8）：96-99.

张治军，张友军，徐宝云，等，2012. 温度对西花蓟马生长发育、繁殖和种群增长的影响. 昆虫学报，55（10）：1168-1177.

张治科，吴圣勇，雷仲仁，等，2019. 银川设施黄瓜西花蓟马及其天敌种群动态研究. 农业科学研究，40（4）：48-52.

郑伯平，郑长英，顾松东，等，2012. 西花蓟马在月季上的空间分布和种群动态研究. 中国农学通报，28（19）：194-198.

邹言，刘佳文，李立坤，等，2020. 北京市延庆区不同生境昆虫多样性特征调查分析. 应用昆虫学报，57（5）：1161-1172.

BRØDSGAARD DHF, 1994. Effect of photoperiod on the bionomics of *Frankliniella occidentalis*（Pergande）（Thysanoptera，Thripidae）. Journal of Applied Entomology, 117（1/5）：498-507.

CAO Y, ZHI J, ZHANG R, *et al.*, 2018. Different population performances of *Frankliniella occidentalis* and *Thrips hawaiiensis* on flowers of two horticultural plants. Journal of Pest Science, 91：79-91.

FRANTZ G, MELLINGER HC, 2009. Shifts in western flower thrips, *Frankliniella occidentalis*（Thysanoptera：Thripidae）, population abundance and crop damage. Florida Entomologist, 92（1）：29-34.

GONZALEZ D, WILSON LT, 1982. A food–web approach to economic thresholds：a sequence of pests/predaceous arthropods on California cotton. Entomophaga, 27（1）：31-43.

HULSHOF J, KETOJA E, VÄNNINEN I, 2003. Life history characteristics of *Frankliniella occidentalis* on cucumber leaves with and without supplemental food. Entomologia Experimentalis et Applicata, 108（1）：19-32.

MATTESON NA, TERRY LI. 1992. Response to color by male and female *Frankliniella occidentalis* during swarming and non–swarming behavior. Entomologia Experimentalis et Applicata, 63（2）：187-201.

SMITS PH, VAN DEVENTER P, DE KOGEL WJ, 2000. Western flower thrips: reactions to odours and colours. Proceedings of the Section Experimental & Applied Entomology of the Netherlands Entomological Society, 11: 175-180.

TEULON DAJ, 1992. Laboratory technique for rearing western flower thrips (Thysanoptera: Thripidae) . Journal of Economic Entomology, 85 (3): 895-899.

TEULON DAJ, HOLLISTER B, BUTLER RC, *et al.*, 1999. Colour and o-dour responses of flying western flower thrips: wind tunnel and greenhouse experiments. Entomologia Experimentalis et Applicata, 93 (1): 9-19.

WALSH B, MALTBY JE, NOLAN B, *et al.*, 2012. Seasonal abundance of thrips (Thysanoptera) in capsicum and chilli crops in south-east Queensland, Australia. Plant Protection Quarterly, 27 (1): 19-22.

5

西花蓟马的综合防控措施

5.1 植物检疫

植物检疫（Plant quarantine）是通过法律、行政和技术的手段，防止危险性植物病、虫、杂草和其他有害生物的人为传播，保障农林业的安全，促进贸易发展的措施。它是人类同自然长期斗争的产物，也是当今世界各国普遍实行的一项制度。植物检疫是一项传统的植物保护措施，不同于其他的病虫防治措施。植物保护工作包括预防或杜绝、铲除、免疫、保护和治疗5个方面。植物检疫是植物保护领域中的重要部分，其内容涉及植物保护中的预防、杜绝或铲除的各个方面，也是最有效、最经济、最值得提倡的防治措施（姜帆等，2022）。

植物检疫的目的是保护我国农业生产和人民身体健康，维护对外贸易信誉，履行国际义务，防止危害植物的病、虫、杂草及其他有害生物由国外传入和由国内传出或在国内扩散蔓延。我国加入世界贸易组织后，国内外农产品贸易量剧增，检疫性有害生物入侵的速度和防控的难度都在不断加大，农业植物检疫面临着巨大的挑战。由植物检疫性有害生物引起的灾害，其危害往往比气象灾害更为严重，防控不及时可能造成巨大的不可估量的损失。

5.2 农业防治

农业防治（Agricultural control）是为防治农作物病、虫、草害所采取的农业技术综合措施、调整和改善作物的生长环境，增强作物对病、虫、草害的抵抗力，创造不利于病原物、害虫和杂草生长发育或传播的条件，最终控制、避免或减轻病虫草的危害。主要措施有选用抗病、抗虫品种，调整品种布局、选留健康种苗、轮作、深耕灭茬、调节播种期、合理施肥、及时灌溉排水、适度整枝打杈、搞好田园卫生和安全运输贮藏。

选育抗性品种是作物病虫害防治的基础，樊婕等（2020）的研究表明使用外源茉莉酸甲酯处理杭白菊可增加杭白菊的抗蚜性。An 等（2019）通过修改菊花 CmMYB15 基因片段来调控菊花内的木质素的合成，从而使菊花拥有抗蚜性状。

间套作主要利用生物多样性对害虫进行防治，在植物生存的空间内增加物种丰富度，利用生物间相生相克的原理对作物的病虫进行防治。目前与菊花进行间套作的作物主要有草莓、玉米、亳白芍等。葛德助等（2021）的研究表明亳白芍套种菊花延缓了亳白芍倒苗的时间，同时减少了亳白芍的叶部病虫害。药菊与其他高秆作物套种可减少蚜虫的危害，同时也能降低蚜虫的传毒率（王杰等，2002）。食用菊套种温室草莓不仅减少了病虫害，还使草莓一年内增收了 5 000~15 000 元（韩立红等，2020）。在菊花的种植过程中将菊花和菊苗进行套作，可以减少害虫的种类和数量。

5.2.1 不同消毒时间对西花蓟马的防治效果

土壤熏蒸消毒指将熏蒸剂通过专业施药设备施用于土壤中并覆盖专用塑料薄膜，在人为密闭空间中释放具有杀虫、杀菌或除草等作用的气体，达到防治土传病虫草害的一种土壤处理技术。随着集约化种植和高附加值作物连茬种植，毁灭性土传病害（如枯萎病、根腐病、青枯病及根结线虫病等）日趋发生严重，病原物在土壤中繁殖扩增，导致土壤生物多样性及生态功能失衡，耕地质量下降，严重影响作物产量和品质。土传病害具有种类多、范围广、传播快以及隐蔽性、暴发性强等特点，难以准确监测预警和精准化防控。传统防治方法包括物理防治（如太阳能消毒、蒸汽及热水消毒）和农业防治（如轮作倒茬、嫁接、无土栽培等）均很难达到理想的防治效果，而使用农药大剂量灌根进行防治，一方面效果不佳，另一方面造成农药残留、环境污染。作物种植前进行土壤熏蒸消毒是当前防治土传病害、解决连作障碍最有效和稳定的方法之一。在国外，采用熏蒸剂进行土壤消毒是综合防治技术体系的一部分，广泛应用在果树再植、草莓、草坪、蔬菜和观赏植物上。在我国，土壤熏蒸消毒在高附加值作物（如生姜、草莓及中药材三七等）生产中来防治土传病害已有 60 多年的历史。目前，我国采用的熏蒸剂主要有氯化苦、棉隆、异硫氰酸烯丙酯、硫酰氟、二甲基二硫等。

西花蓟马的种群数量与消毒时间有关。当消毒时间为 5 月前，未消毒的温室后茬苗上西花蓟马的种群数量为前茬苗的 233.1 倍，消毒 3 周后茬苗上西花蓟马的种群数量为前茬苗的 100 多倍，消毒 8 周后茬苗上西花蓟马的种群数量较前茬苗降低，虫口减退率为 19.99%。当消毒时间在 5 月以后时，后茬苗上西花蓟马的种群数量均较前茬苗低，且消毒 6 周西花蓟马的防治效果最好，此时的虫口减退率达到了 96.91%。消毒 7 周西花蓟马的虫口减退率低于消毒 6 周的，此时的虫口减退率为 87.32%（表 5-1）。

表 5-1　不同消毒时间和消毒时长对西花蓟马的防治效果

消毒时间	消毒时间	消毒前种群数量/（头/板）	消毒后种群数量/（头/板）	虫口减退率/%
5 月前	未消毒	10.00±0.41b	2 331.25±681.00a	-23 212.50
	3 周	12.50±1.94b	1 273.00±91.54ab	-10 084.00
	8 周	396.50±7.35a	317.25±10.64b	19.99
5 月后	未消毒	1 967.00±134.86a	389.00±67.53a	59.77
	6 周	753.00±35.96c	23.25±2.56b	96.91
	7 周	1 372.75±142.02b	174.00±9.08b	87.32

注：表中数据为平均值±标准误，同列不同小写字母表示消毒前和消毒后不同消毒时长间的差异显著性（Tukey's HSD 检验，$P<0.05$）。

土壤消毒减少作物土传病害发生的同时也可以降低某些害虫的发生量。本研究表明土壤消毒对西花蓟马的防治效果较好，西花蓟马的种群数量与消毒时间有关：当消毒时间在 5 月前，前茬苗上西花蓟马的种群数量远低于后茬苗；当消毒时间在 5 月后，前茬苗上的种群数量高于后茬苗。出现这种差异的原因是 5 月前西花蓟马的种群基数小，在 5 月后随着人员的流动和气温的上升，西花蓟马的种群数量开始增加，因此前茬苗的种群数量低于后茬苗。当消毒时间在 5 月之前，土壤消毒会减少后茬苗上西花蓟马的种群数量，消毒时间越长后茬苗上西花蓟马的种群数量就越低，消毒时间为 8 周的后茬苗上西花蓟马种群数量最低，虫口减退率最高，对西花蓟马的防治效果最好。当消毒时间在 5 月以后时，后茬苗上西花蓟马的种群数量均较前茬苗低，且消毒 6 周西花蓟马的防治效果最好。

5.2.2　不同种植模式对西花蓟马的防治效果

不同种植模式对西花蓟马的防治效果存在差异。当前茬和后茬均种植菊苗时，后茬苗上的西花蓟马虫口减退率最高，达到了 96.91%；其次为前茬种植菊苗后茬种植菊花的种植模式，此时后茬苗的虫口减退率为 92.11%，当前茬和后茬均种植菊花时，对西花蓟马的防治效果最差，虫口减退率为 82.86%（表 5-2）。

表 5-2　不同种植模式对西花蓟马的防治效果

种植模式	前茬/（头/板）	后茬/（头/板）	虫口减退率/%
MH	1 305.50±218.53b	103.00±8.55b	92.11
HH	3 818.50±371.67a	654.50±32.84a	82.86
MM	753.00±35.96b	23.25±2.56b	96.91

注：MH 代表前茬种植菊苗后茬种植菊花的种植模式，HH 代表前茬和后茬均为菊花的种植模式，MM 代表前茬和后茬均为菊苗的种植模式，同列不同小写字母代表前茬和后茬在不同种植模式下的差异显著性（Tukey's HSD 检验，$P<0.05$）。

5.3　物理防治

物理防治（Physical control）是利用简单工具和各种物理因素，如光、热、电、温度、湿度、放射能、声波等防治病虫害的措施。物理防治包括最原始、最简单的徒手捕杀或清除，以及近代物理最新成就的运用，是古老而又年轻的一类防治手段。一般采用人工捕杀和清除病株、病部，以及使用简单工具诱杀、设障碍防除，虽有费劳力、效率低、不易彻底清除等缺点，但在尚无更好防治办法的情况下，仍不失为较好的急救措施。也常用人为升高或降低温度、湿度的措施，如晒种、热水浸种或高温处理竹木及其制品等超出病虫害的适应范围。利用昆虫趋光性灭虫自古就有。近年黑光灯和高压电网灭虫器应用广泛，用仿声学原理和超声波防治虫等均在研究、实践之中。原子能治虫主要是用放射能直接杀灭病虫，或辐照导致害虫不育等。随着近代科技的发展，近代物理学防治技术将有很好的发展前景。目前，对害虫的物理防治方法主要有防虫网、土壤覆膜、高温闷棚、色板诱杀等。防虫网是通过在温室棚架上构建人工的隔离屏障，将害虫阻隔在网外的一种技术，防虫网不仅可以起到遮阴纳凉的作用，还可以对害虫起到阻隔作用。叶琪明等（2020）的研究表明，使用 40~60 目的防虫网，可以阻止粉虱、蚜虫、蓟马等害虫对菊花造成危害。Dabaj（2009）的研究表明，在温室作物生产过程中采用防虫网不仅可以减少害虫种群密度，还可以有效地控制土传病害。覆盖地膜可以提高土壤温度，保持土壤水分，减少对水资源的浪费，维持土壤的结构，保持土壤疏松，还能防治杂草及害虫。王杰等（2002）的研究表明，地膜产生的光对蚜虫等害虫有明显的忌避作用，可在菊花苗期对害虫进行防治。杨林等（2016）的研究表明，覆黑膜后茶用菊花产量上升30.35%。高温闷棚不仅能够杀灭有害菌，有利于土壤中的有机质的进一步分解，改善土壤的理化性质，同时还可以对叶螨类害虫、蓟马类害虫、蛞蝓类害虫有较好的防效（王杰等，2002）。昆虫对不同的颜色趋性不同，蓟马类主要对黄色和蓝色的趋性较强，因此在田间菊花上害虫防治可采用色板诱集法。

5.3.1 不同颜色粘虫板对西花蓟马的防治效果

黄色粘虫板对西花蓟马的防治效果低于蓝色粘虫板（表5-3），在防治后1周，挂黄色粘虫板的小区虫口减退率为8.27%，而采用蓝色粘虫板防治的小区虫口减退率达到了47.05%。随着粘虫板悬挂时间的增加，对西花蓟马的防治效果减弱。当悬挂粘虫板2周后西花蓟马的种群数量复增（表5-3）。

表5-3 西花蓟马对不同颜色粘虫板的趋性

粘虫板种类	种群数量/（头/板）					虫口减退率/%			
	4月28日	5月4日	5月12日	5月19日	5月26日	1d	14d	21d	28d
黄色	41.13±5.51bc	37.73±1.54bc	60.47±0.85ab	70.93±10.38a	75.87±7.47a	8.27	-60.27	-17.29	-6.96
蓝色	107.13±6.03a	56.73±4.56ab	95.00±10.01a	100.53±21.49a	89.67±1.27a	47.05	-67.46	-5.82	-11.66

注：同行不同小写字母表示在同一颜色粘虫板条件下，各调查时间西花蓟马种群数量间的差异显著性（Tukey's HSD检验，$P<0.05$）。

不同色板对西花蓟马的吸引力不同，本研究表明蓝色粘虫板对西花蓟马的吸引性强于黄色粘虫板。帕提玛·乌木尔汗帕（2018）在用不同色板对温室蔬菜害虫的引诱试验中指出蓝板的诱虫量高于黄板。同时不同颜色粘虫板对不同颜色花上西花蓟马的诱集效果不同。研究表明蓝色粘虫板在红色切花月季上的诱集效果明显优于粉色及白色切花月季（孙猛等，2010）。在本研究中粘虫板放置2周后对西花蓟马的防治效果大大降低，出现这种现象的原因可能是粘虫板在使用的过程中粘住了灰尘，导致黏性降低，降低了其对西花蓟马的防治效果。

5.3.2　不同粘虫板密度对西花蓟马的防治效果

　　不同的粘虫板密度对西花蓟马的防治效果存在差异（$F_{3,16} = 19.52$，$P<0.001$）（表 5-4）。当粘虫板密度为 24 块/667 m^2 时，对西花蓟马的防治效果最好，此时的虫口减退率为 63.75%；当粘虫板密度为 10 块/667 m^2 时对西花蓟马的防治效果最差，此时的虫口减退率仅为 9.63%（表 5-3）。

表 5-4　不同粘虫板密度对西花蓟马的防治效果

不同密度粘虫板	种群数量/（头/板）		虫口减退率/%
	防治前	防治后	
0 块/667m²	54.00±3.30a	48.80±1.49a	9.63
10 块/667m²	56.00±1.18ab	35.40±1.63b	36.79
12 块/667m²	56.00±1.19ab	21.00±0.32c	56.61
24 块/667m²	56.00±1.20b	17.00±1.26c	63.36

　　注：同列不同小写字母表示防治前后不同粘虫板密度处理下西花蓟马种群数量间的差异显著性（Tukey's HSD 检验，$P<0.05$）。

5.3.3　不同花粉+粘虫板对西花蓟马的引诱效果

　　常怀艳等（2017）选用玫瑰、油菜、茶花、桃花和松花花粉并分别配比 5 种不同浓度制成的花粉粘虫板，采用完全随机裂区设计方法，在昆阳镇塑料温室内红色切花月季上进行西花蓟马诱集实验。2016 年连续调查 2 个红色切花月季的生长周期，结果表明：不同花粉的诱集效果无显著性差异；不同浓度的诱集效果差异极显著，且随着花粉处理浓度升高诱集效果先升高后降低，0.30g/板时花粉粘虫板的诱集效果最好；花粉与浓度之间也存在极显著的交互效应，浓度为 0.15g/板的油菜花粉粘虫板和浓度为 0.30g/板的茶花花粉粘虫板对西花蓟马的诱集效果最好；红色切花月季不同时间的诱集效果也存在极显著差异，且随着诱集时间延长，花粉粘虫板对西花蓟马的诱集效果呈下降趋势，至末花期诱集效果又开始有所回升。总之，花粉粘虫板对切花月季上的西花蓟马有显著的诱集效果。

5.4　化学防治

　　化学防治（Chemical control）是使用化学药剂（杀虫剂、杀菌剂、杀螨剂、杀鼠剂等）来防治病虫、杂草和鼠类的危害。一般采用浸种、拌种、毒饵、喷粉、喷雾和熏蒸等方法。其优点是药效迅速、方法简便、急救性强，且不受地域性和季节性限制。

目前，有很多新型防治方法应用到西花蓟马的防治上，但使用最多的依旧是化学药剂。20 世纪末有机磷类杀虫剂和拟除虫菊酯类杀虫剂被应用到西花蓟马的防治上，西花蓟马的抗药性问题也随之而来；目前有机磷类、氨基甲酸酯类、有机氯、拟除虫菊酯类杀虫剂依旧广泛用于西花蓟马的防治。甲氨基阿维菌素苯甲酸盐对西花蓟马成虫及若虫的室内毒力较高，是防治西花蓟马较好的药剂（张安盛等，2007）；48%毒死蜱乳油、25%多杀霉素悬浮剂和 0.3%印楝素乳油，对西花蓟马有很好的防治效果，可作为蔬菜上西花蓟马危害严重时的应急防治药剂（肖长坤等，2006）；由于西花蓟马虫体较小、隐蔽性较强、发育历期较短、产卵量大、繁殖速度快、变异大，因此对化学药剂产生的抗药性快。近几年的研究也发现西花蓟马对新烟碱类杀虫剂（如烯啶虫胺、噻虫胺和噻虫嗪）均存在高抗风险，但噻虫嗪的抗性上升速度较慢且抗性稳定性最低（颜改兰等，2020）。随着西花蓟马抗药性的逐年增强，抗生素也被广泛地应用到西花蓟马的防治中。新型杀虫剂阿维菌素（Avermectins）、多杀菌素（Spinosad）对西花蓟马的防治有显著的效果，Joe 等（2000）的研究表明阿维菌素对蔬菜上的西花蓟马具有较好的防治效果。杀虫剂的浓度、处理时间和处理方法能够影响西花蓟马的死亡率。但是近年来抗生素的大量使用已经对西花蓟马的抗药性产生了巨大的影响，西花蓟马田间种群对阿维菌素产生了抗性（Zhang *et al.*，2022）。北京和云南地区的西花蓟马对多杀菌素类药剂产生高水平抗药性（万岩然等，2016）。为减少化学杀虫剂大量使用带来的环境污染问题、害虫抗药性问题，不同种类的植物源农药也被应用到了生产中。庞钰等（2007）用 7 种植物源农药防治蓟马，试验结果表明部分单剂和混剂的防效甚至超过了化学杀虫剂。植物源农药印楝素和苦参碱对苜蓿蓟马的防治效果与啶虫脒相当，在早期防治中可代替啶虫脒等化学农药（赵海明等，2019）。纳米助剂对防治西花蓟马的 5 种植物源农药具有增效作用，可以增加对西花蓟马的防治效果（呼倩和杜相革，2021）。150 亿个孢子/g 球孢白僵菌可湿性粉剂的研发和获批登记，为西花蓟马的生物药剂防治奠定了坚实的基础（王海鸿等，2020）。早在 20世纪就有人开始研究白僵菌对蓟马类害虫的防治效果，近年的研究也表明白僵菌对蓟马具有明显的控制作用（王俊平和郑长英，2011）。此外，吡虫啉因其较强的内吸性也常用在西花蓟马的化学防治中。

5.4.1 不同浓度吡虫啉作用下西花蓟马雌雄虫存活数量

吡虫啉（imidacloprid）是一种硝基亚甲基类内吸杀虫剂，属氯化烟酰类杀虫剂（chloronicotinyl），又称为新烟碱类杀虫剂（neonicotinoid）。具有广谱、高效、低毒、低残留，害虫不易产生抗性，对人、畜、植物和天敌安全等特点，并有触杀、胃毒和内吸等多重作用（孙建中等，1995）。20 世纪80 年代后期，德国拜耳公司和日本农药株式会社共同开发了吡虫啉，于1991 年在英国布莱顿作物保护会议上提出后开始投放市场，吡虫啉已被广泛应用于农作物保护和宠物及饲养动物保健，现已在超过90 个国家的60 种农作物上登记使用（Nauen & Bretschneider, 2002）。吡虫啉利用模拟乙酰胆碱（ACh）的作用方式，选择性地竞争结合于昆虫神经系统突触后膜上烟碱型乙酰胆碱受体上 ACh 的结合位点（N 型，运动型），导致 ACh 结合能力下降而抑制其活性，阻断昆虫中枢神经系统的正常传导，害虫麻痹进而死亡（Liu & Casida, 1993）。该类杀虫剂是目前防治西花蓟马效果较好且应用范围最广的杀虫剂。

研究发现，产品速效性好，药后 1 d 即有较高的防效，残留期长达25 d 左右。药效和温度呈正相关，温度高，杀虫效果好。主要用于防治刺吸式口器害虫。

表 5-5　吡虫啉处理后西花蓟马雌雄虫存活数量比较

西花蓟马	吡虫啉浓度	第 25 天	第 50 天	第 75 天	第 100 天	第 125 天	第 150 天
雌性	171 mg/L	29.50±1.19 a	33.25±1.11 a	37.75±1.31 a	43.00±0.91 a	47.50±0.29 a	48.00±0.41 a
	162 mg/L	28.25±1.31 a	30.50±1.55 a	35.50±0.60 a	40.25±1.11 b	44.75±1.25 b	47.00±0.71 a
	对照	27.5±0.87 a	29.25±1.11 a	30.75±0.48 b	32.75±1.11 c	38.75±2.14 c	42.15±2.25 b
雄性	171 mg/L	20.50±1.19 a	16.75±1.11 a	12.25±1.31 b	7.00±0.91 c	2.50±0.29 c	2.00±0.41 b
	162 mg/L	21.75±1.31 a	19.25±1.55 a	14.50±0.65 b	9.75±0.48 b	5.25±1.25 b	3.00±0.71 b
	对照	22.50±0.87 a	20.75±1.11 a	19.25±0.48 a	17.25±1.11 a	11.25±2.14 a	8.75±2.25 a
性比	171 mg/L	1.46±0.14 a	2.03±0.21 a	3.21±0.40 a	6.53±1.01 a	19.83±2.41 a	28.17±7.22 a
	162 mg/L	1.33±0.16 a	1.65±0.24 a	2.47±0.16 a	4.16±0.24 b	11.40±4.27 b	21.92±9.08 a
	对照	1.23±0.08 a	1.43±0.13 a	1.60±0.07 b	1.94±0.21 c	4.08±1.15 c	5.81±1.48 b

注：同列不同字母分别表示不同类型（雌性、雄性、性比）组内各处理间的差异显著性（$P<0.05$），表中数据表示不同处理间的西花蓟马雌雄虫数量的平均值±标准误。

第 25 天时，西花蓟马雌虫和雄虫在 162 mg/L 和 171 mg/L 吡虫啉处理后菜豆上种群数量无显著差异（雌虫，$F_{2,9} = 0.79$，$P = 0.484\,6$；雄虫，

$F_{2,9}=0.79$，$P=0.4846$）。此时取食171 mg/L和162 mg/L吡虫啉处理后菜豆的雌虫数量分别是雄虫的1.46倍、1.33倍和1.23倍，两种处理间的雌雄虫比值无显著差异（$F_{2,9}=0.79$，$P=0.4837$）（表5-5）。

第50天时，西花蓟马雌虫和雄虫在162 mg/L和171 mg/L吡虫啉处理后菜豆上的种群数量无显著差异（雌虫，$F_{2,9}=2.52$，$P=0.1349$；雄虫，$F_{2,9}=2.52$，$P=0.1349$），雌雄虫比值与第25天时的雌雄种群数量比值间无显著差异（$F_{2,9}=1.64$，$P=0.062$）；此时取食171 mg/L、162 mg/L吡虫啉的西花蓟马种群和对照种群中的雌虫数量是雄虫的2.03倍、1.65倍和1.43倍，处理和对照间的雌雄虫比值无显著差异（$F_{2,9}=2.30$，$P=0.1556$）（表5-5）。

第75天时，西花蓟马雌虫与雄虫在162 mg/L和171 mg/L吡虫啉处理后菜豆上的种群数量存在显著差异，取食162 mg/L和171 mg/L吡虫啉处理后菜豆上的雌虫种群数量显著高于雄虫种群数量（$F_{2,9}=16.13$，$P=0.0011$），雌雄虫比值与第50天时的雌雄种群数量比值无显著差异（$F_{2,9}=1.28$，$P=0.054$），此时171 mg/L、162 mg/L吡虫啉处理和对照上的雌虫数量分别是雄虫数量的3.21倍、2.47倍和1.60倍（表5-5）。

第100天时，西花蓟马雌虫种群在162 mg/L和171 mg/L吡虫啉处理后菜豆上的数量优势进一步扩大，后者菜豆上的种群中雌性数量最高，且显著高于对照中的雌虫数量（$F_{2,9}=36.85$，$P<0.0001$）；此时的雌雄虫比值显著高于第75天时（$F_{2,9}=3.28$，$P=0.014$）。171 mg/L、162 mg/L吡虫啉处理和对照中的雌性种群数量分别是雄性种群数量的6.53倍、4.16倍和1.94倍。

第125天时，西花蓟马的雌虫种群在162 mg/L和171 mg/L吡虫啉处理后菜豆上的种群数量与雄虫数量相比均达到绝对优势，后者只有少量的雄虫种群存在（<6%）。两种处理中的雌虫种群数量显著高于对照中的雌虫种群数量（$F_{2,9}=9.67$，$P=0.0057$）。此时的雌雄虫数量比值显著高于第100天（$F_{2,9}=9.28$，$P=0.004$）。171 mg/L、162 mg/L吡虫啉处理和对照中的雌虫种群数量分别是雄虫种群数量的19.83倍、11.40倍和4.08倍。

第150天时，西花蓟马的雌虫种群在162 mg/L和171 mg/L吡虫啉处理后菜豆上的种群数量与雄虫种群数量相比继续保持绝对优势，两种处理中只有少量的雄性种群存在（<5%），此时的雌雄虫数量比值与第125天时的比值间无显著差异（$F_{2,9}=1.28$，$P=0.064$）。两种处理中的雌虫种群数量显著高于对照中的雌虫种群数量（$F_{2,9}=6.95$，$P=0.015$）。此时171 mg/L、

162 mg/L 吡虫啉处理和对照中的雌性种群数量分别是雄性种群数量的 28.17 倍、21.92 倍和 5.81 倍。

吡虫啉处理对西花蓟马的种群产生了显著的影响，经过毒力测定，检测出西花蓟马的室内种群的 LC_{30} 和 LC_{50} 的吡虫啉浓度分别为 162 mg/L 和 171 mg/L。王彭等（2016）测定了云南玉溪葱上采集的室外西花蓟马种群 LC_{50} 的浓度为 172.49 mg/L，这与本研究的结果存在较大差异，本研究的室内饲养 5 代的西花蓟马种群的 LC_{50} 就已经达到 171 mg/L，接近云南玉溪葱上采集的室外西花蓟马种群 LC_{50} 浓度，说明昆明的种群抗药性高于玉溪的种群，LC 浓度的差别也可能与室内种群比较敏感，且西花蓟马具有孤雌生殖，抗药性强，寄主植物不同等原因有关（Broughton & Herron，2007）。此结果一定程度上说明昆明的种群抗性进化速度加快。西花蓟马发育历期在经过两种吡虫啉处理后相比对照均缩短，且雌性西花蓟马的发育历期明显短于雄性西花蓟马，其中以 171 mg/L 吡虫啉处理时西花蓟马的雌性群体发育历期缩短最为明显。

对于 162 mg/L 吡虫啉浓度来说，作用后种群中的西花蓟马雌性种群数量迅速增加，在第 25 天、第 50 天、第 75 天、第 100 天、第 125 天、第 150 天调查时，雌性种群数量分别是雄性种群数量的 1.33 倍、1.65 倍、2.47 倍、4.16 倍、11.40 倍、21.92 倍。171 mg/L 吡虫啉液处理后，西花蓟马的雌雄种群分化速度快于 162 mg/L 吡虫啉处理种群，在第 25 天、第 50 天、第 75 天、第 100 天、第 125 天、第 150 天调查时，雌性种群数量分别是雄性种群数量的 1.46 倍、2.03 倍、3.21 倍、6.53 倍、19.83 倍、28.57 倍。到第 125 天调查时，162 mg/L吡虫啉液处理中有少量的雄性西花蓟马种群存在，而 171 mg/L 吡虫啉液处理中很难找到雄性西花蓟马种群。直到第 150 天调查时，两种浓度的吡虫啉处理中有极少数西花蓟马雄虫存在，维持在一个相对低的种群数量水平（<5%）。吡虫啉对西花蓟马的抗性随着种群世代数的增加而增加，在抗性种群筛选的前 23 代中，抗性发展比较缓慢，从 23 代以后，开始上升到 5.80 倍，在 25~35 代期间，西花蓟马种群的抗药性显著提高，到 35 代时，抗性倍数达到 21.26 倍，达到了中等抗性水平（王圣印等，2013）。本研究的雌性种群与雄性种群比值也出现了类似的变化规律，但取代速度明显快于西花蓟马抗性种群上升的速度，这或许与吡虫啉处理后雌性种群比例的上升与抗性的增加存在着密切的联系，经过 171 mg/L 和 162 mg/L 吡虫啉处理后随着世代数的增加，雌性取代雄性的速度迅速增加，且 171 mg/L 吡虫啉处理后的雌雄虫种群分化速率高于 162 mg/L 吡虫啉

处理后的分化速率。从第 5 代开始，西花蓟马雌性种群基本取代雄性种群，种群中只有少量雄性种群存在，但同时伴随着种群内的雌性和雄性种群的死亡率增加，此时，对照中的雌雄性比也发生了明显的变化，雌虫数量显著高于雄虫数量。说明西花蓟马种群在未经外界环境作用时，雌性的生长繁殖能力和抗逆能力亦明显强于雄性，此结果也说明了吡虫啉处理加速了西花蓟马雌雄种群数量的迅速分化。

吡虫啉处理后，西花蓟马中的雌雄虫成虫寿命均降低；西花蓟马的平均产卵期、平均单雌产卵量和单雌日均产卵量高于相应对照。说明西花蓟马雌虫种群恢复重建能力强于雄虫，即西花蓟马雌性种群在受到吡虫啉处理后导致产卵期和寿命历期缩短等过程中，雌虫通过增加日均产卵量来产出更多的卵，弥补农药作用造成的逆境带来的种群伤害。袁成明等（2010）研究了不同生殖方式下西花蓟马的繁殖力，证明西花蓟马可进行两性生殖和产雄孤雌生殖，不同处理下雌成虫的寿命、产卵量和性比有显著差异，两性生殖中雌雄比 1∶1 处理下的雌成虫寿命最长，产卵量最大，两性生殖中雌雄比 4∶1 及孤雌生殖的不同处理下，雌成虫寿命和产卵量较低。这与本研究的随着吡虫啉处理浓度和时间的增加，西花蓟马中雌性种群在整个种群中的比例迅速升高，单雌平均产卵量、单雌日均产卵量均显著升高结果不一致，充分说明吡虫啉处理激发了西花蓟马种群的内在生殖能力，从而增加了西花蓟马种群的抗逆能力，在较短的时间内产生更多的后代。钱蕾等（2015）研究了 CO_2 浓度升高条件下西花蓟马生长发育及繁殖等相关指标，也发现 CO_2 浓度升高增加了西花蓟马的单雌产卵量，这与本研究的结果相似，表明了西花蓟马特别是雌性种群与雄性种群相比具有较好的抗逆能力，也说明吡虫啉处理增加了西花蓟马的死亡率的同时对西花蓟马的繁殖力具有一定的促进作用。

西花蓟马雌性种群对吡虫啉的作用适应性强于雄性种群，吡虫啉处理是造成入侵害虫西花蓟马种群中雌性种群比例升高的主要原因之一，在 LC_{30} 至 LC_{50} 吡虫啉浓度作用的范围内，随着浓度的增加，雌性种群的抗逆能力增强。吡虫啉处理后，西花蓟马雌性种群取代雄性种群后的体内生理变化、以及田间种群的取代机制有待进一步研究。

5.4.2　其他单剂杀虫剂对连栋温室内菊苗上西花蓟马的防治效果

在单剂农药中随着时间的增加，化学农药对西花蓟马的防治效果增加，在施药后 1 d，杀虫环对西花蓟马的防治效果最好，此时的虫口减退率达到了 73.88%，乙基多杀菌素对西花蓟马的防治效果最差，此时的虫口减退率仅为 8.77%；在防治后 3 d，虫螨腈对西花蓟马的防治效果最好，此时的虫口减退率为 88.31%，呋虫胺的防治效果最差，虫口减退率为 40.22%；防治 5d 后各化学药剂的防治效果为杀虫环（93.47%）>甲氨基阿维菌素苯甲酸盐（92.71%）>虫螨腈（90.73%）>噻虫嗪（86.15%）>乙基多杀菌素（84.21%）>呋虫胺（77.72%），甲氨基阿维菌素、苯甲酸盐和乙基多杀菌素的虫口减退率呈现出缓慢上升的趋势（表 5-6）。

表 5-6　其他单剂杀虫剂对西花蓟马的防治效果

杀虫剂	虫口数/(头/板)				虫口减退率/%		
	0 d	1 d	3 d	5 d	1 d	3 d	5 d
乙基多杀菌素	28.50±0.5a	26.00±0.91a	6.25±0.63b	4.50±1.19b	8.77	78.07	84.21
甲氨基阿维菌素苯甲酸盐	82.25±3.42a	68.00±4.74b	11.00±1.08c	6.00±0.41c	17.33	86.63	92.71
呋虫胺	46.00±2.79a	35.25±2.49b	27.50±3.23b	10.25±0.86c	23.37	40.22	77.72
杀虫环	61.25±4.03a	16.00±1.29b	7.25±0.48bc	4.00±0.41c	73.88	88.16	93.47
虫螨腈	62.00±2.74a	29.00±1.29b	7.25±0.85c	5.75±0.85c	53.23	88.31	90.73
噻虫嗪	48.75±2.09a	36.75±3.09b	11.00±1.29c	6.75±1.38c	24.62	77.44	86.15

　　注：图中数据为平均值±标准误，同行不同小写字母表示在同一药剂处理下，西花蓟马种群数量在不同调查时间内的差异显著性（Tukey's HSD 检验，$P<0.05$）。

　　不同化学药剂对西花蓟马的防治效果不同。本研究表明在单剂药剂中施药后 1 d 杀虫环对西花蓟马的防治效果最好。杀虫环为沙蚕毒素类杀虫剂，具有内吸传导性，对害虫毒效较缓慢。有研究表明 600 倍液 50%杀虫环对西花蓟马的防效较好，但是与低浓度的防治效果差异不显著（洪文英等，2014）。本研究表明杀虫环的 LC_{50} 为 194.87 mg/L，唐良德等（2015）的研究表明杀虫环对豆大蓟马各虫态的毒力较低，对豆大蓟马雌、雄成虫的 LC_{50} 分别为 49.647 mg/L 和 31.190 mg/L。由于调查基地农药施用较频繁，高强度的施药条件下，西花蓟马容易产生抗性种群。研究表明沙蚕毒素类杀虫剂的化学防效与温度呈现负相关（叶青松等，1988）。因此杀虫环应该在冬季或者阴雨天施用防效较好。本研究表明在防治后 3 d，虫螨腈对西花蓟马的防治效果最好；虫螨腈是新型吡咯类化合物，具有胃毒和触杀作用，主要作用于害虫细胞内的线粒体上。研究表明 30%的虫螨腈悬浮液对茶棍蓟马的防治效果较好，且虫螨腈的 LC_{50} 为 32.330 mg/L（刘惠芳等，2018）。10%虫螨腈悬浮剂对西花蓟马成虫的 LC_{50} 为 8.73 mg/L，若虫的 LC_{50} 为

5.02 mg/L（张治军等，2013），与他人的研究相比，本研究中西花蓟马对虫螨腈产生的抗药性也较强。本研究表明防治 5d 后，甲氨基阿维菌素苯甲酸盐防治后西花蓟马虫口减退率最高，且 LC_{50} 为 29.87 mg/L；洪文英等（2014）研究表明甲氨基阿维菌素苯甲酸盐对西花蓟马产生的 LC_{50} 为 1.327 mg/L。曹宇等（2015）研究表明甲维盐对西花蓟马的成虫和若虫的 LC_{50} 分别为 1.11 mg/L 和 0.62 mg/L，均低于本研究中西花蓟马的 LC_{50}，说明在嵩明地区西花蓟马已经对甲氨基阿维菌素苯甲酸盐产生了较高的抗性。在本研究中，防治西花蓟马时采用的甲维盐为微乳油，在试验的过程中发现甲维盐微乳油对西花蓟马有较强的黏性。因此认为甲维盐对西花蓟马的防治效果一部分是微乳油的这一性质带来的。

5.4.3 复配杀虫剂对连栋温室内菊苗上西花蓟马的防治效果

在施用化学药剂 1 d 后，复配药剂中防治效果最好的为甲氨基阿维菌素苯甲酸盐+杀虫环，此时的虫口减退率为 82.14%，乙基多杀菌素+甲氨基阿维菌素苯甲酸盐的防治效果最差，虫口减退率为 9.31%，在防治 3 d 后甲氨基阿维菌素苯甲酸盐+虫螨腈的防治效果最好，虫口减退率达到了 90.34%，乙基多杀菌素+甲氨基阿维菌素苯甲酸盐的防治效果最差，虫口减退率仅为 52.94%，防治 5 d 后甲氨基阿维菌素苯甲酸盐+虫螨腈的防治效果最好，虫口减退率达到了 96.22%，甲氨基阿维菌素苯甲酸盐+噻虫嗪的防治效果最差，虫口减退率为 88.89%（表5-7）。

表 5-7 复配杀虫剂对西花蓟马的防治效果

杀虫剂	虫口数/（头/板）				虫口减退率/%		
	0 d	1 d	3 d	5 d	1 d	3 d	5 d
乙基多杀菌素+甲氨基阿维菌素苯甲酸盐	51.00±2.65a	46.25±3.25a	24.00±1.58b	3.75±1.25c	9.31	52.94	92.65
乙基多杀菌素+呋虫胺	40.25±2.72a	19.50±0.96b	8.50±1.04c	3.25±0.85c	51.55	78.88	91.93
乙基多杀菌素+杀虫环	44.25±8.59a	10.75±0.86b	6.00±0.82b	2.00±0.41b	75.71	86.44	95.48
乙基多杀菌素+虫螨腈	44.00±1.29a	16.00±1.29b	9.50±1.91c	1.75±0.85d	63.64	78.41	96.02

（续表）

杀虫剂	虫口数/（头/板）				虫口减退率/%		
	0 d	1 d	3 d	5 d	1 d	3 d	5 d
乙基多杀菌素+噻虫嗪	44.00±0.65a	16.00±0.63b	9.50±0.41c	1.75±0.82d	63.64	78.41	96.02
甲氨基阿维菌素苯甲酸盐+呋虫胺	42.50±1.32a	10.50±0.87b	5.50±0.65c	4.00±1.08c	75.29	87.06	90.59
甲氨基阿维菌素苯甲酸盐+杀虫环	42.00±0.82a	7.50±0.65b	5.50±0.65b	2.50±0.65c	82.14	86.90	94.05
甲氨基阿维菌素苯甲酸盐+虫螨腈	59.50±0.65a	12.75±0.85b	5.75±0.75c	2.25±0.63d	78.57	90.34	96.22
甲氨基阿维菌素苯甲酸盐+噻虫嗪	81.00±0.82a	35.25±0.48b	19.00±0.81c	9.00±0.81d	56.48	76.54	88.89

注：图中数据为平均值±标准误，同行不同小写字母表示在同一药剂处理下，西花蓟马种群数量在不同调查时间内的差异显著性（Tukey's HSD 检验，$P < 0.05$）。

在复配农药中，施用化学药剂 1 d 后，防治效果最好的为甲氨基阿维菌素苯甲酸盐+杀虫环；研究表明甲氨基阿维菌素苯甲酸盐兼具触杀和胃毒作用，而杀虫环影响着昆虫体内蛋白质的合成，因此两种药剂混用增加了其对西花蓟马的药效。在防治 3 d 后甲氨基阿维菌素苯甲酸盐+虫螨腈的防治效果最好；防治 5 d 后甲氨基阿维菌素苯甲酸盐+虫螨腈的防治效果最好。本研究结果表明复配农药的药效高于单剂农药。研究表明杀虫环+烯啶·吡蚜酮在各处理中防效最优，药后 1~8 d 防效均在 99% 以上（洪文英等，2014）。

李秋荣等（2019）的研究表明 1 500~3 000 倍液乙基多杀菌素悬浮剂对西花蓟马的杀虫效果较好。但是新烟碱类杀虫剂与乙基多杀菌素混用，两者产生交互拮抗作用（侯文杰等，2013）。因此在本研究中乙基多杀菌素和呋虫胺及噻虫嗪混用后的化学防治效果并不理想。

5.4.4　不同化学杀虫剂对西花蓟马的毒力研究

5.4.4.1　温室内菊苗上西花蓟马的毒力研究结果

温室内菊花害虫种类较少，施用农药次数较多，因此西花蓟马的抗药性会比较强。

研究发现，24 h 后 5 种杀虫剂对西花蓟马的毒力为呋虫胺>杀虫环>乙基多杀菌素>虫螨腈>甲氨基阿维菌素苯甲酸盐，毒力回归方程分别为 $y = -1.482 + 0.50x$、$y = -1.573 + 0.008x$、$y = -4.156 + 0.096x$、$y = -1.215 + 0.038x$、$y = -1.482 + 0.50x$，LC_{50} 分别 1 647.25 mg/L、194.87 mg/L、43.16 mg/L、32.33 mg/L、29.87 mg/L。LC_{95} 同样也是呋虫胺 5 506.99 mg/L>杀虫环 398.58 mg/L>乙基多杀菌素 60.25 mg/L>虫螨腈 76.09 mg/L>甲氨基阿维菌素苯甲酸盐 63.03 mg/L（表 5-8）。

表 5-8　嵩明地区西花蓟马对 5 种杀虫剂的毒力

杀虫剂	毒力回归方程	相关系数	LC_{50}/ (mg/L)	LC_{50} 95% 置信区间	LC_{95}/ (mg/L)	LC_{95} 95% 置信区间
乙基多杀菌素	$y = -4.156 + 0.096x$	0.967	43.16	41.39~44.80	60.25	57.20~64.66
甲氨基阿维菌素苯甲酸盐	$y = -1.482 + 0.50x$	0.978	29.87	25.42~34.77	63.03	53.55~81.02
呋虫胺	$y = -1.482 + 0.50x$	0.984	1 647.25	1 168.41~2 209.55	5 506.99	4 799.74~758.35
杀虫环	$y = -1.573 + 0.008x$	0.963	194.87	173.76~215.49	398.58	357.58~460.85
虫螨腈	$y = -1.215 + 0.038x$	0.961	32.33	27.37~36.68	76.09	67.62~89.30

本研究中测得西花蓟马对乙基多杀菌素的 LC_{50} 为 43.160 mg/L，对比张晓明等（2018）对嵩明地区对西花蓟马测得的 LC_{50} 为 1.73 mg/L 高了近 24 倍，原因可能是前人研究采用的西花蓟马为连续饲养 5 代以后经过纯化处理的西花蓟马，而本研究中的西花蓟马是没有经过纯化饲养的田间种群。也可能在两年多的高强度施药下，该地区西花蓟马对乙基多杀菌素的抗药性迅速增强，因此导致试验结果上出现巨大差异。有研究表明室内西花蓟马对乙基多杀菌素的 LC_{50} 为 0.28 mg/L，噻虫嗪的 LC_{50} 为 671.147 mg/L（洪文英等，2014）。而在本实验研究的过程中发现西花蓟马对吡虫啉和噻虫嗪等新烟碱类杀虫剂的敏感性较低，在试验的过程中无法测得西花蓟马对吡虫啉和噻虫嗪的毒力。但是在本试验研究的过程中发现噻虫嗪对西花蓟马有防效，但是防治效果较差。研究表明在西花蓟马的若虫期使用噻虫嗪有利于西花蓟马的防治（颜改兰和王圣印，2020）。也有研究表明噻虫嗪 25% 水分散粒剂对西花蓟马的防治效果不如乙基多杀菌素和除虫菊酯（李秋荣等，2019）。这些试验均与本试验的研究存在差异，可能是试验地西花蓟马不同种群抗药性不同引起的。

5.4.4.2 6种杀虫剂对避雨栽培葡萄上西花蓟马的室内毒力

西花蓟马是葡萄上常见害虫，常危害葡萄枝条、嫩叶和幼果，易使幼果形成斑点，严重时造成裂果。自20世纪70年代起，国内外学者陆续报道了葡萄上西花蓟马的发生危害。蓟马是我国江苏、广西、宁夏等地葡萄上的主要害虫。云南寻甸避雨葡萄上有蓟马、粉虱和果蝇等，其中蓟马是优势害虫。近年来，杀虫剂的不合理使用已造成许多地区的蓟马种群对多种常用杀虫剂产生了较高抗药性。为明确常用杀虫剂对葡萄上优势种蓟马的毒力，本研究选取阿维菌素、噻虫嗪、啶虫脒、氟啶虫胺腈、吡虫啉和高效氟氯氰菊酯6种常用杀虫剂，测定其对优势种蓟马的毒力，以期筛选出适用于防治葡萄蓟马的杀虫剂。

采用菜豆浸渍饲喂法，用清水将杀虫剂溶解稀释为500 mg/L的母液进行预试验，按照校正死亡率10%~90%确定杀虫剂浓度范围。将500 mg/L的杀虫剂母液梯度稀释为6~8个不同的浓度，每个浓度为1个处理，每个处理设置3个重复，以清水为对照。将新鲜菜豆剥开后切成5.0 cm长的小段置于不同浓度的药液中浸泡30 s，取出后晾干，放入底部垫有滤纸的培养皿中，每皿5根；从饲养笼中挑选30头生长健康、大小一致的西花蓟马成虫于培养皿中，用保鲜膜封口并用0号昆虫针扎20个孔以保持培养皿通风。培养皿置于人工气候箱中饲养，24 h后观察记录各处理蓟马的存活情况，观察时用小毛笔轻触虫体，3次无反应则判定为死亡。

6种杀虫剂对避雨栽培葡萄上西花蓟马的室内毒力效果依次为：阿维菌素（LC_{50} = 101.448 mg/L）>噻虫嗪（LC_{50} = 173.399 mg/L）>啶虫脒（LC_{50} = 203.489 mg/L）>氟啶虫胺腈（LC_{50} = 209.607 mg/L）>吡虫啉（LC_{50} = 325.739 mg/L）>高效氟氯氰菊酯（LC_{50} = 380.294 mg/L）（表5-9）。西花蓟马对阿维菌素的敏感度最高，其次是啶虫脒，对吡虫啉和氟啶虫胺腈的敏感度略低，对高效氟氯氰菊酯的敏感度最低。

表5-9　6种杀虫剂对避雨栽培葡萄上西花蓟马成虫的室内毒力

杀虫剂	LC_{50}/(mg/L)	卡平方	自由度	相对毒力
阿维菌素	101.448	2.591	16	2.33
噻虫嗪	173.399	5.397	19	3.99
啶虫脒	203.489	1.611	19	4.68
氟啶虫胺腈	209.607	0.184	16	4.82
吡虫啉	325.739	6.208	19	7.49
高效氟氯氰菊酯	380.294	0.939	19	8.74

供试6种杀虫剂中，啶虫脒、阿维菌素和噻虫嗪对西花蓟马的室内毒力相对较高，推荐用于避雨栽培葡萄上西花蓟马的防治。其中啶虫脒和阿维菌素分别属于高效低毒低风险化学制剂和高效生物源杀虫剂，对环境较友好。但有研究报道噻虫嗪存在污染地下水和干扰蜜蜂行为的潜在风险，故建议适当控制噻虫嗪的用量，以减少化学药剂对生态环境的破坏。

5.5　生物防治

生物防治（Biological control）就是利用一种生物对付另外一种生物的方法。生物防治，大致可以分为以虫治虫、以鸟治虫和以菌治虫三大类。它是降低杂草和害虫等有害生物种群密度的一种方法。它利用了生物物种间的相互关系，以一种或一类生物抑制另一种或另一类生物。生物防治最大的优点是不污染环境，是农药等非生物防治病虫害方法所不能比的。

西花蓟马的常见天敌种类较多，详见表5-10。

表5-10　西花蓟马的主要天敌种类

天敌种类	种类
捕食性蝽	肩毛小花蝽 *Orius niger*（李景柱等，2007）
	无毛小花蝽 *O. laevigatus*（Riudavets & Castane，1998）
	浅白翅小花蝽 *O. albidipenni*（Sanchez & Lacasa，1998）
	狡小花蝽 *O. insidiosus*（Funderburk *et al.*，2000）
	小林原花蝽 *Anthocoris nemorum*（Loomans，2003）
	异样小花蝽 *O. heterorioides*（Goodwin & Steiner，1996）
	暗小花蝽 *O. tristicolor*（Gilkeson *et al.*，1990）
	微小花蝽 *O. minutus*（李景柱等，2007）
	暗黑长脊盲蝽 *Macrolophus caliginosus*（Roy）
	南方小花蝽 *O. strigicollis*（王清玲等，2002）
	刺小花蝽 *O. armatus*（Cook *et al.*，1996）
	东亚小花蝽 *O. sauteri*（李景柱等，2007）
	姬蝽 *Nabis* spp.（Loomans，2003）
	盲蝽 *Dicyphus tamaninii*（Ghabeish *et al.*，2008）

（续表）

天敌种类	种类
捕食性螨	黄瓜钝绥螨 *Amblyseius cucumeris*（Sabelis & Rijn，1997） 巴氏钝绥螨 *A. barkeri*（Skirvin *et al.*，2006） 加州新小绥螨 *Neoseiulus californicus*（Loomans，2003） 橘真绥螨 *Euseius citrifolius*（Sengonca *et al.*，2004） 木槿真绥螨 *Euseius hibisci*（Houten *et al.*，1995） 芬兰真绥螨 *Euseius finlandicus* Oudemans（Sengonca *et al.*，2004） 尖狭下盾螨 *Hypoaspis aculeifer*（Premachandra *et al.*，2003） 兵下盾螨 *H. miles* Berlese（Loomans，2003） 西方盲走螨 *Typhlodromus occidentalis* Nesbitt（Loomans，2003） 沃氏钝绥螨 *Neoseiulus womersleyi*（Kostiainen & Hoy，1996） 安德森钝绥螨 *Amblyseius andersoni* Chant（Sengonca *et al.*，2004） 卵圆真绥螨 *Euseius ovalis*（方小端等，2008） 草茎真绥螨 *Euseius stipulatus*（Athias-Henriot）（Sengonca *et al.*，2004） 智利小植绥螨 *Phytoseiulus persimilis*（Sengonca *et al.*，2004） 高山小盲绥螨 *Typhlodromips montdorensis*（Loomans，2003） 斯氏小盲绥螨 *Typhlodromips swirskii*（方小端等，2008） 草地小盲绥螨 *Typhlodromalus limonicus*（方小端等，2008）
甲虫	蚁形隐翅甲 *Paederus fuscipes*（潘志萍等，2007）
草蛉	中华草蛉 *Chrysopa sinica*（张安盛等，2007）
捕食性蓟马	塔六点蓟马 *Scolothrips takahashii*（Loomans，2003） 横纹蓟马 *Aeolothrips fasciatus*（潘志萍等，2007） 胡峰形长角蓟马 *Franklinothrips vespiformis*（Zegula *et al.*，2003） 长角蓟马 *Franklinothrips* spp.（Loomans，2003） 间纹蓟马 *Aeolothrips intermedius*（Zegula *et al.*，2003）
寄生蜂	缨翅赤眼蜂 *Megaphragma* spp.（潘志萍等，2007） 莎氏戈姬小蜂 *Goetheana shakespearei*（Loomans，2003） 印度足栖姬小蜂 *Podibius indicus*（潘志萍等，2007） 葱蓟马姬小蜂 *Ceranisus menes*（Loomans *et al.*，1995） 淡红蓟马姬小蜂 *Ceranisus russelli*（Bailey，1993） 美洲蓟马姬小蜂 *Ceranisus americensis*（Loomans *et al.*，1996） 卢曼蓟马姬小蜂 *C. loomansi*（Loomans *et al.*，1995） 鳞斑蓟马姬小蜂 *C. lepidotus*（Lacasa *et al.*，1996） 疑戈姬小蜂 *C. incerta*（Boucek *et al.*，1976）
病原真菌	金龟子绿僵菌 *Metarhizium anisopliae*（Maniania *et al.*，2003） 球孢白僵菌 *Beauveria bassiana*（Maniania *et al.*，2003） 蜡蚧轮枝菌 *Verticillium lecanii*（Gouli *et al.*，2008） 小孢新接合霉 *Neozygites parvispora*（Wamishe & Milus，2004） 玫烟色拟青霉 *Paecilomyces fumosoroseus*（Singh *et al.*，2001）

天敌种类	种类
	尼氏蓟马线虫 *Thripinema nicklewoodi*（Lim *et al.*，2001）
	印度异小杆线虫 *Hetrorhabditis indica*（Ebssa *et al.*，2006）
病原线虫	小卷蛾斯氏线虫 *Steinernema carpocapsae*（Dlamini *et al.*，2019）
	嗜菌异小杆线虫 *H. bacteriophora*（Premachandra *et al.*，2003）
	芜菁夜蛾斯氏线虫 *Steinernema feltiae*（Filipjev）（SFN）（Ebssa *et al.*，2006）

5.5.1 捕食性螨

捕食性螨的捕食能力强、食性广、食量大，可用来控制高密度的西花蓟马种群。东亚小花蝽分布广、活动能力强、田间数量多，常用于西花蓟马的田间防治。张安盛等（2007）对东亚小花蝽若虫和成虫对西花蓟马的若虫和成虫的捕食能力进行了研究，结果表明东亚小花蝽对西花蓟马有较强的捕食能力。也有研究比较了包括 3 种小花蝽在内的 5 种捕食性天敌对西花蓟马若虫的捕食能力，发现东亚小花蝽的捕食能力最强（Blaeser *et al.*，2004）。孙晓会等（2009）在不同的试验空间下，南方小花蝽成虫对西花蓟马若虫的捕食选择性均强于成虫，与东亚小花蝽对西花蓟马的捕食选择性一致。也有研究表明利用南方小花蝽防治果树上的西花蓟马时，在 2.2 头/株低密度的情况下就能使西花蓟马种群数量大幅度降低（Shibao *et al.* 2000）。Funderburk 等（2000）利用狡小花蝽防治高速扩张时期的西花蓟马，效果非常明显，现已商业化生产。徐学农等（2006）研究了利用狡小花蝽防治豇豆上的西花蓟马，结果表明在西花蓟马初始若虫的密度为 100 头或 160 头时，释放 1 龄或 2 龄的狡小花蝽，可以使西花蓟马若虫的密度分别减少 62.5%、87.9%（100 头）和 46.3%、71.9%（160 头）。

5.5.1.1 基于种群生命表研究南方小花蝽对西花蓟马的捕食作用

5.5.1.1.1 南方小花蝽的发育历期

南方小花蝽捕食西花蓟马 2 龄若虫后能完成其发育，但不同龄期南方小花蝽的历期不同。其中南方小花蝽的 5 龄若虫历期最长，为 3.32 d；2 龄若虫历期最短，为 1.95 d。南方小花蝽从卵期发育至成虫期平均需要经历 16.25 d。南方小花蝽的雌成虫平均寿命为 12.78 d，长于雄成虫寿命。南方小花蝽未成熟虫期时长占整个世代的 55.92%（表 5-11）。

表 5-11　南方小花蝽的发育历期

历期	数量/粒或头	时间/d	占总世代比例/%
卵期	150	3.79±0.05	13.04
1 龄若虫	116	2.71±0.05	9.33
2 龄若虫	110	1.95±0.04	6.71
3 龄若虫	104	2.16±0.05	7.43
4 龄若虫	85	2.35±0.06	8.09
5 龄若虫	82	3.32±0.05	11.42
未成熟虫期	82	16.25±0.15	55.92
雌成虫期	51	12.78±0.38	43.98
雄成虫期	31	9.73±0.50	33.48

5.5.1.1.2　南方小花蝽的存活率

南方小花蝽不同虫期之间均存在不同程度的发育阶段重叠现象（图 5-1）。发育阶段的重叠主要发生在相邻虫态，并且由于部分个体在低龄若虫期时发育时间较短，高龄若虫、成虫的发育阶段重叠更明显；南方小花蝽成虫与 4~5 龄若虫具有更长的重叠时间，为 6.5 d。所有虫态中，除卵期以外，其余各个发育阶段特定年龄-阶段存活率（S_{xj}）均随着发育时间的增加表现出先增加后下降的趋势。南方小花蝽雌虫最早羽化时间为 14 d，

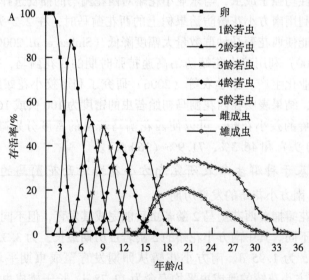

图 5-1　南方小花蝽的特定年龄-阶段存活率（S_{xj}）

雄成虫最早羽化时间为 13.5 d。南方小花蝽和西花蓟马成虫羽化后，雌成虫存活率均明显高于雄成虫。南方小花蝽由卵成功发育为雌成虫和雄成虫的概率分别是 32.67% 和 20.67%（图 5-1）。

5.5.1.1.3 南方小花蝽的繁殖力

特定年龄存活率（l_x）可以反映出南方小花蝽取食西花蓟马后从出生至死亡时的变化情况（图 5-2）。在若虫阶段其存活率不断下降，南方小花蝽在整个发育阶段的 21 d 后开始下降，此时处于成虫阶段。南方小花蝽发育为成虫时的累计存活率为 54.67%。南方小花蝽在 35 d 时当代全部死亡。特

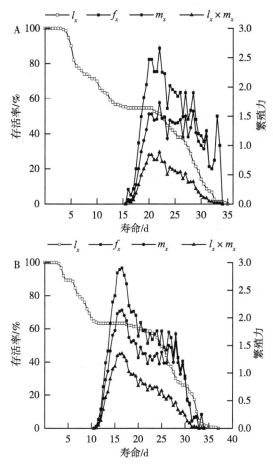

图 5-2 南方小花蝽（A）和西花蓟马（B）的特定年龄存活率（l_x）、
特定年龄-阶段繁殖力（f_{xj}）和特定年龄繁殖力（m_x）

定年龄-阶段繁殖力（f_{xj}）和特定年龄繁殖力（m_x）能反映昆虫从开始产卵到死亡时间段内不同发育阶段和年龄的繁殖情况，其单位为个体在 0.5 d 内繁殖的平均值。南方小花蝽的繁殖参数 f_{xj} 和 m_x 表现出先升高后下降的趋势，南方小花蝽的 f_{xj} 在整个发育时间的 22 d 时达到最大值 2.66，此时间为昆虫的产卵高峰期（表 5-12）。

表 5-12　南方小花蝽和西花蓟马的繁殖力参数

繁殖力参数	南方小花蝽	西花蓟马
雌成虫寿命/d	12.78±0.38	18.12±0.46
平均产卵期/d	7.84±0.27	13.06±0.36
平均产卵量/粒	42.00±1.37	59.86±1.61
性比（雌/雄）	1.65	2.85
产卵前期/d	2.67±0.06	1.90±0.05
总产卵前期/d	19.01±0.18	13.22±0.11

5.5.1.1.4　南方小花蝽和西花蓟马的种群参数

南方小花蝽和西花蓟马的种群参数结果显示出两种昆虫不同种群的增长潜力（表 5-13）。西花蓟马的净生殖率（R_0）、总繁殖率（GRR）、内禀增长率（r）和周限增长率（λ）均高于南方小花蝽，对应指数分别高出 13.65、13.24、0.06、0.07。西花蓟马平均世代周期（T）和种群加倍时间（DT）则短于南方小花蝽，分别少了 4.31 d 和 2.12 d。

表 5-13　南方小花蝽和西花蓟马的种群参数

种群参数	南方小花蝽	西花蓟马
净生殖率/%	14.29±1.7	27.94±2.54
总繁殖率/%	39.38±3.71	52.62±2.84
内禀增长率/(%/d)	0.12±0.01	0.18±0.01
周限增长率/(%/d)	1.12±0.01	1.19±0.01
平均世代周期/d	23.05±0.24	18.74±0.16
种群加倍时间/d	6.02	3.9

5.5.1.1.5　南方小花蝽和西花蓟马的期望寿命

南方小花蝽和西花蓟马的特定年龄-阶段寿命期望值（E_{xj}）结果显示（图 5-3），南方小花蝽的 1 龄若虫期、西花蓟马的 2 龄若虫期和预蛹期的寿命期望值先随个体生长逐渐降低，在中期后又表现出增加的趋势。两种昆虫的雌雄成虫寿命期望值在生长时间轴上总体表现为随着时间增加逐渐下降，并且两种昆虫均表现出雌虫的寿命期望值明显高于雄虫，西花蓟马的雌雄成虫后期的寿命期望值接近，并且出现一段短暂的平缓变化。西花蓟马的总体寿命期望值高于南方小花蝽，尤其表现在成虫阶段。

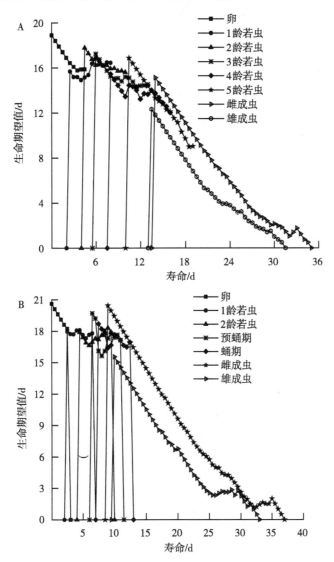

图5-3　南方小花蝽（A）和西花蓟马（B）的特定年龄-阶段寿命期望值（E_{xj}）

5.5.1.1.6 南方小花蝽和西花蓟马的种群数量增长预测

以10粒南方小花蝽或西花蓟马卵为基数，南方小花蝽在90 d时可以繁殖出 768.08 个后代，其中卵 491.11 粒、1～5 龄若虫分别为 167.30 头、32.60 头、6.64 头、1.47 头和 6.33 头、雌雄成虫分别为 41.28 头和 21.33 头。西花蓟马在 90 d 时可以繁殖出 7 419.06 个个体，其中卵为 3 259.77 粒，1 龄若虫至蛹分别为 1 507.45 头、953.45 头、394.85 头、358.54 头，雌雄成虫分别为 707.94 头和 237.05 头。西花蓟马的种群数量为南方小花蝽种群数量的 9.66 倍。其中作为主要繁殖个体的西花蓟马雌成虫为南方小花蝽雌成虫的 17.15 倍。西花蓟马在 30～50 d 时达到第一个种群高峰，南方小花蝽在以 10 粒卵为基数经过 40～60 d 时达到第一个种群高峰，南方小花蝽种群第一次高峰时间比西花蓟马晚 10～20 d（图 5-4）。

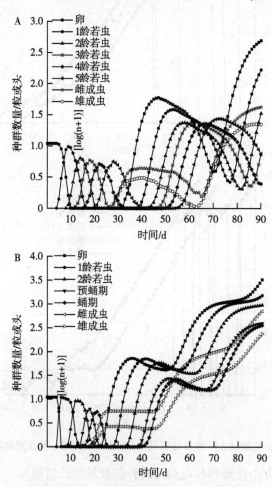

图 5-4　模拟南方小花蝽（A）和西花蓟马（B）在无限制条件下的种群增长

5.5.1.1.7 南方小花蝽全龄期对西花蓟马 2 龄若虫的捕食量

不同龄期的南方小花蝽对西花蓟马 2 龄若虫的捕食量随着其龄期增加不断增大,若虫完成一个发育阶段的捕食量为 4.86 头（1 龄）至 34.78 头（5龄）,雌成虫在整个存活期间对西花蓟马 2 龄若虫的捕食量平均为 159.67头,明显高于雄成虫的 86.00 头。由捕食参数 C_0 和 Q_p 可得,南方小花蝽在整个生命周期对西花蓟马 2 龄若虫的种群特征净捕食率为 140.81 头;取食西花蓟马 2 龄若虫的转化率 9.05 头,即南方小花蝽产 1 粒卵需要消耗 9.05头蓟马若虫（表 5-14）。

表 5-14   南方小花蝽对西花蓟马的捕食量及捕食参数

龄期	日均捕食量	平均总捕食量	捕食率参数	参数值
1 龄若虫	1.68±0.14	4.86±0.23	平均捕食率	140.93±18.36
2 龄若虫	2.83±0.23	5.77±0.33	种群净捕食率	140.81±18.22
3 龄若虫	6.32±0.52	13.96±0.71	转化率	9.05±1.65
4 龄若虫	8.82±0.73	21.43±1.25	周限捕食率	3.45±0.25
5 龄若虫	10.43±0.86	34.78±1.31	稳定捕食率	3.07±0.20
雌成虫	12.13±1.00	159.67±3.46	—	—
雄成虫	8.90±0.73	86.00±2.45	—	—

南方小花蝽对西花蓟马 2 龄若虫的捕食率结果表现出其在每个阶段的单日捕食量在 1~3 龄期时变化较小,每天捕食的蓟马若虫分别为 1.68头、2.83 头和 6.32 头。而 4~5 龄若虫、雌成虫和雄成虫的日均捕食量表现出先升高后下降的趋势,其日均捕食量平均分别为 8.82 头、10.43 头、12.13 头和 8.90 头。捕食西花蓟马 2 龄若虫后南方小花蝽特定年龄存活率（l_x）随着寿命增加不断下降,特定年龄捕食率（k_x）和特定年龄净捕食率（q_x）结果表现出先升高后下降的趋势,其在成虫阶段的捕食率最大。其 k_x 的最大值为 20 d 时的 14.06,南方小花蝽雌成虫在成虫期 19~24d 时的净捕食率较高,此时间段内为南方小花蝽的产卵高峰（图 5-5,图5-6）。

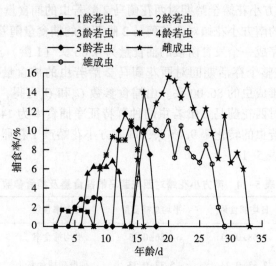

图5-5　捕食西花蓟马2龄若虫后南方小花蝽特定年龄-阶段捕食率（C_{xj}）

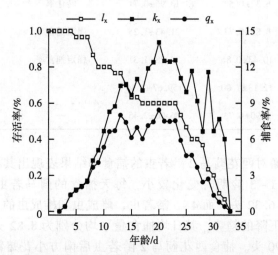

图5-6　捕食西花蓟马2龄若虫后南方小花蝽特定年龄存活率（l_x）、
特定年龄捕食率（k_x）和特定年龄净捕食率（q_x）

5.5.1.2　基于捕食功能反应研究南方小花蝽对西花蓟马的捕食及种内自残行为

5.5.1.2.1　南方小花蝽对西花蓟马的捕食数量

南方小花蝽4~5龄若虫和雌雄成虫对不同密度西花蓟马成虫的捕食结

果显示，在密度为5~50头范围内随猎物西花蓟马成虫的密度增加，南方小花蝽雌成虫的捕食量在5~30头时快速增加，而到30~50头时捕食量开始减少（图5-7）。不同龄期的南方小花蝽在蓟马密度为5~10头时捕食差异较小（5头，$F_{3,36}=1.04$，$P=0.39$；10头，$F_{3,36}=2.28$，$P=0.10$）；当蓟马密度为20头以上时，南方小花蝽雌成虫捕食量显著高于雄成虫及4~5龄虫态（20头，$F_{3,36}=3.79$，$P=0.02$；30头，$F_{3,36}=7.04$，$P<0.05$；40头，$F_{3,36}=7.11$，$P<0.05$；50头，$F_{3,36}=5.35$，$P<0.05$）。雌成虫在蓟马密度为40头时捕食量达到最大为16.1头，4~5龄若虫和雄成虫在50头时的捕食量分别为10.9头、13.2头和13.9头。

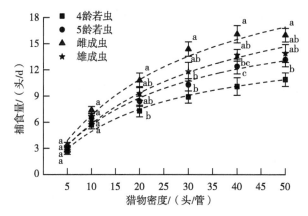

图5-7　南方小花蝽对西花蓟马成虫的捕食量

注：图中各数据为平均值±标准误，同一密度下不同小写字母表示在0.05水平下不同龄期南方小花蝽捕食数量的差异显著性（Tukey's 多重比较，$P<0.05$）。

5.5.1.2.2　南方小花蝽对西花蓟马的捕食功能反应

南方小花蝽各龄期对西花蓟马成虫的捕食符合 Holling Ⅱ圆盘方程（表5-15）。通过各个参数值可以得出，南方小花蝽随龄期的增加其处理单头猎物的时间缩短，4龄若虫最长为0.05 d，雌成虫最短为0.02 d。a'/T_h的值可以反映天敌对害虫的控制能力，南方小花蝽各虫态对西花蓟马的控害能力随龄期增大而增大，依次为雌成虫>雄成虫>5龄若虫>4龄若虫。不同龄期中小花蝽雌成虫捕食上限最高为42.7头。

表 5-15　南方小花蝽对西花蓟马成虫的捕食功能反应

南方小花蝽虫态	功能反应模型	相关系数 R^2	瞬时攻击率 a'	处理单头猎物时间 T_h	捕食能力 a'/T_h	最大理论捕食量 $1/T_h$
4 龄若虫	$N_a = 0.633\,6N/(1+0.034\,2N)$	0.97	0.63	0.05	11.73	18.52
5 龄若虫	$N_a = 0.691\,1N/(1+0.028\,7N)$	0.97	0.70	0.04	16.65	24.10
雌成虫	$N_a = 0.776\,6N/(1+0.018\,2N)$	0.98	0.78	0.02	33.19	42.74
雄成虫	$N_a = 0.695\,0N/(1+0.025\,6N)$	0.99	0.70	0.04	18.83	27.10

　　由寻找效应值可以得出，南方小花蝽对各虫态的寻找效应随西花蓟马成虫密度的增大而降低。当猎物密度相同时，南方小花蝽对西花蓟马的寻找效应由高到低依次为：雌成虫>雄成虫>5 龄若虫>4 龄若虫（图 5-8）。

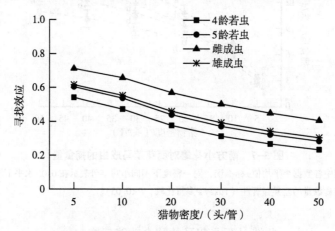

图 5-8　南方小花蝽对西花蓟马的寻找效应

5.5.1.2.3　南方小花蝽自身密度对西花蓟马成虫捕食量的影响

　　不同密度的南方小花蝽 4~5 龄若虫和雌成虫对西花蓟马成虫的捕食关系表明，随南方小花蝽自身密度的增大，其总捕食量不断增大，但捕食率下降（图 5-9）。通过干扰反应公式可得各龄期的干扰反应模型如下：4 龄若虫，$E = 0.203\,6P^{-0.236\,5}$，$R^2 = 0.85$；5 龄若虫，$E = 0.241\,8P^{-0.210\,0}$，$R^2 = 0.89$；雌成虫，$E = 0.333\,6P^{-0.238\,4}$，$R^2 = 0.85$。干扰参数 m 表明，南方小花蝽不同龄期在捕食西花蓟马时均存在干扰反应。

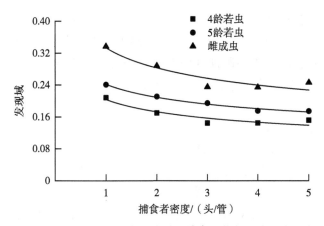

图 5-9　南方小花蝽自身密度对其捕食西花蓟马的干扰效应

5.5.1.2.4　南方小花蝽同龄期若虫间互残

南方小花蝽不同虫态同龄期若虫的种内互残结果表明，在没有西花蓟马存在的环境中，不同龄期均存在互残行为（图 5-10）。与对照环境中存在蓟马相比，1~3 龄若虫种内互残行为与对照相比无显著差异（1 龄，$t_{18}=0.77$，$P=0.45$；2 龄，$t_{18}=0.49$，$P=0.63$；3 龄，$t_{18}=0.27$，$P=0.79$）。而4~5 龄若虫种内互残行为与对照相比存在显著差异（4 龄，$t_{18}=2.63$，$P=$

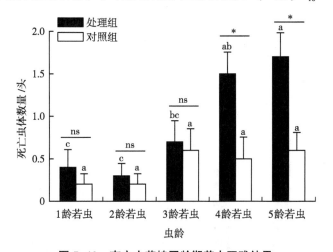

图 5-10　南方小花蝽同龄期若虫互残结果

注：图中各数据为平均值+标准误。不同色系柱顶上的不同小写字母表示在 0.05 水平下不同龄期若虫死亡数量的差异显著性（Tukey's HSD 检验，$P<0.05$）；柱顶横线上"＊"表示在 0.05 水平下相同龄期下处理和对照间的差异显著性（t 检验，$P<0.05$）。

0.02；5 龄，$t_{18} = 2.95$，$P<0.05$）。没有蓟马的环境中 4~5 龄若虫平均死亡数量分别为 1.5 头和 1.7 头，比对照分别高 1.0 头和 1.1 头。在不同龄期间比较结果显示，对照中各龄期种内互残行为无显著差异（$F_{4,45} = 0.92$，$P = 0.46$），在没有蓟马的环境中各龄期间种内互残存在显著差异（$F_{4,45} = 6.82$，$P<0.05$）。

5.5.1.2.5　南方小花蝽雌成虫对若虫的非选择性互残

在南方小花蝽雌成虫参与的非选择实验结果表明，在同一龄期接入 5 头和 10 头南方小花蝽若虫后若虫的死亡数量均存在显著差异（图 5-11），10 头的环境中若虫的死亡数量均要高于接入 5 头时的数量（1 龄，$t_{18} = 3.20$，$P<0.05$；2 龄，$t_{18} = 2.58$，$P=0.02$；3 龄，$t_{18} = 2.57$，$P=0.02$；4 龄，$t_{18} = 4.30$，$P<0.05$；5 龄，$t_{18} = 5.20$，$P<0.05$）。其中接入 10 头的 1~5 龄若虫平均死亡率与接入 5 头相比分别高 2.0 头、1.9 头、1.2 头、1.7 头和 1.8 头。在接入相同密度的环境中不同龄期若虫间死亡率不同，在 5 头环境中不同龄期若虫死亡率间差异显著（$F_{4,45} = 33.08$，$P<0.05$）；多重比较结果显示南方小花蝽 1~2 龄若虫之间的死亡率无显著差异，但 1~2 龄若虫的死亡率显著高于 3~5 龄若虫；在 10 头环境中不同龄期若虫死亡率存在显著差异（$F_{4,45} = 14.85$，$P<0.05$），多重比较结果显示 1~2 龄若虫的死亡率显著高于 3~5 龄若虫。

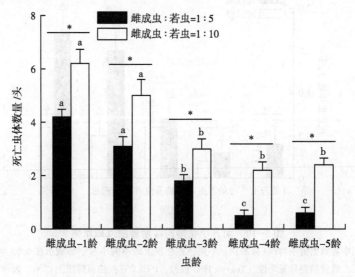

图 5-11　南方小花蝽雌成虫对若虫的非选择性互残

5.5.1.2.6 南方小花蝽雌成虫对若虫的选择性互残

南方小花蝽雌成虫对其若虫和西花蓟马成虫的选择性互残结果显示（表5-16），1~2龄若虫低密度（雌成虫∶若虫∶蓟马＝1∶5∶5）和高密度（雌成虫∶若虫∶蓟马＝1∶5∶50）时小花蝽若虫的死亡数量差异显著（1龄，$t_{18}=4.98$；2龄，$t_{18}=2.63$；$P<0.05$），3~5龄若虫的不同密度间差异不显著（3龄，$t_{18}=1.52$；4龄，$t_{18}=1.10$；5龄，$t_{18}=0.49$；$P>0.05$）。西花蓟马在高密度时的死亡数量显著高于低密度的死亡数量（全部，$P<0.05$）。在低密度时南方小花蝽1龄若虫死亡数量最高为2.3头，4~5龄最低为0.3头（$F_{4,45}=13.13$，$P<0.05$）；在高密度时各龄期的若虫死亡数量差异不显著（$F_{4,45}=1.24$，$P=0.31$）。南方小花蝽对西花蓟马的捕食在低密度时差异不显著（$F_{4,45}=1.80$，$P=0.15$），而在高密度时差异显著（$F_{4,45}=25.04$，$P<0.05$）。在不同环境中的捕食率结果显示，南方小花蝽雌成虫对低龄若虫和低密度时的蓟马均有较高的捕食率，而在高密度时若虫的死亡率较低，西花蓟马的死亡率较高，并且随着南方小花蝽龄期升高其死亡率降低。

表5-16 南方小花蝽成虫对若虫和西花蓟马的选择性互残

处理	不同密度	南方小花蝽		西花蓟马	
		死亡数量/头	死亡率/%	死亡数量/头	死亡率/%
雌成虫-1龄若虫-蓟马	1∶5∶5	2.3±0.25a	23.0±2.47	3.6±0.29a	36.0±2.9
	1∶5∶50	0.6±0.21A	1.1±0.38	9.1±0.98B	16.6±1.79
雌成虫-2龄若虫-蓟马	1∶5∶5	1.3±0.28b	13.0±2.85	4.0±0.32a	40.0±3.16
	1∶5∶50	0.4±0.15A	0.7±0.28	12.4±0.91B	22.6±1.65
雌成虫-3龄若虫-蓟马	1∶5∶5	0.8±0.24bc	8.0±2.37	4.3±0.25a	43.0±2.47
	1∶5∶50	0.3±0.20A	0.5±0.37	13.5±0.84B	24.6±1.53
雌成虫-4龄若虫-蓟马	1∶5∶5	0.3±0.14c	3.0±1.45	4.2±0.24a	42.0±2.37
	1∶5∶50	0.1±0.09A	0.2±0.17	22.6±1.76A	41.2±3.2
雌成虫-5龄若虫-蓟马	1∶5∶5	0.3±0.14c	3.0±1.45	4.6±0.21a	46.0±2.1
	1∶5∶50	0.2±0.13A	0.4±0.23	28.3±2.42A	51.5±4.39

注：图中各数据为平均值±标准误。同列不同小写字母表示在0.05水平下不同龄期若虫在低密度（雌成虫∶若虫∶蓟马＝1∶5∶5）时死亡数量的差异显著性；同列不同大写字母表示在0.05水平下不同龄期若虫在高密度（雌成虫∶若虫∶蓟马＝1∶5∶50）时死亡数量的差异显著性（Tukey's HSD检验，$P<0.05$）。

5.5.2 捕食螨

不同类群的捕食螨分别控制西花蓟马的不同虫态。尖狭下盾螨

（*Hypoaspis aculeife*）（Premachandra *et al.*，2003）和兵下盾螨（*H. miles*）
（徐学农等，2005）可以用来控制地下生活阶段的西花蓟马。钟峰等
（2009）的研究表明兵下盾螨能够防治土壤中的西花蓟马，释放5周后西花
蓟马的种群数量即可大量地减少。钝绥螨属（*Amblyseius*）和伊绥螨属
（*Iphiseius*）的螨类可用于防治西花蓟马，其中最常用的为钝绥螨属的胡瓜
钝绥螨（*Amblyseius cucumeris*）。胡瓜钝绥螨在欧美等地已商品化生产并广泛
应用于多种植物上西花蓟马的防治，对于控制西花蓟马的危害起了巨大作
用。我国福建省于1997年从英国引进该螨，成功地研制了该螨的人工饲料
配方，并实现了工厂化生产（钟峰等，2009）。研究发现，释放胡瓜钝绥螨
后25 d左右对西花蓟马种群防治效果可达81.1%~86.7%，约35 d后防治效
果上升到92.7%，至试验结束（约85 d）防治效果一直维持在91.4%~
94.5%（张艳璇等，2010）。说明胡瓜纯绥螨对西花蓟马种群有良好的控制
作用。研究发现，胡瓜钝绥螨对温室番茄上西花蓟马的种群控制有一定作
用。在每株番茄释放1小袋（约1 000头）胡瓜钝绥螨可以将番茄的受害率
控制在足够低的水平（Shipp *et al.*，2012）。此外，温室温室茄子上释放200
头/m² 巴氏钝绥螨后，对温室温室茄子上的西花蓟马高峰期种群数量具有一
定的控制作用（王恩东等，2010）。

5.5.3 微生物

微生物防治指病原微生物通过侵染、释放毒素和酶等方式来控制害虫，
是生物防治的重要组成部分。

利用病原真菌防治西花蓟马具有较强的选择性，作用专一，防治效果
好。研究表明，金龟子绿僵菌（*Metarhizium anisopliae*）对西花蓟马成虫、
若虫有较好的防治效果，与灭多威联合使用时，可迅速降低西花蓟马的种群
数量（Lim *et al.*，2001）；同时 Maniania 等（2003）的研究表明，用0.5 g/
m² 的金龟子绿僵菌（*M. anisopliae*）孢子悬浮液喷雾，可有效地控制西花蓟
马的种群增长。Ansari 等（2008）评价致病性真菌对土壤中的西花蓟马防治
效果时，得到绿僵菌的两种菌株 V275 和 ERL700 最有效，在接种11 d后，
可使西花蓟马蛹的死亡率达到85%~96%。Ugine 等（2005）在室内测定了
球孢白僵菌（*Beauveria bassiana*）对西花蓟马的致病力，得出球孢白僵菌的
GHA 品系在很低的剂量时就能表现出高效性，并且得出白僵菌（菌株
GHA）对西花蓟马的 LD_{50} 为33~66个孢子/虫。在温室黄瓜上试了2个球
孢白僵菌产品（Naturalis-L BotaniGard）可湿性粉剂，结果显示这2个球孢

白僵菌产品可使西花蓟马的种群降低65%~87%（Jacobson *et al.*，2001）。

5.5.4　微生物与捕食性天敌联合防控

生物防治在西花蓟马综合防治策略中发挥着重要作用，但是单一使用某种天敌或生物药剂，其效果有时十分有限。因此，不同的生物防治措施和手段联合应用来防治西花蓟马越来越受到人们的关注和青睐，在西花蓟马的生物防治中发挥了积极的作用。如Saito和Brownbridge（2018）研究了两种捕食性螨与两种市售的真菌杀虫剂的相融性，并进行温室防治研究，以评估它们对西花蓟马的联合控制效果，结果显示白僵菌（GHA菌株）、绿僵菌（F52菌株）分别和两种捕食螨联合使用，在不同的虫口压力下对西花蓟马有较好的控制效果。王静（2011）在温室中采用巴氏钝绥螨与配制成孢子悬乳剂的球孢白僵菌RSB联合施用，研究其联合施用的田间防治效果，结果表明单用球孢白僵菌对西花蓟马的防效较好，而巴氏钝绥螨与球孢白僵菌结合控制西花蓟马产生的作用更有效，联合防治效果达到77.53%。Gao等（2012）研究表明白僵菌对东亚小花蝽基本没有影响，白僵菌处理小花蝽后虽然成虫寿命减少0.8~1.2 d，但仅为对照的3%~13%，而对西花蓟马有较好效果，亦表明联合使用防治西花蓟马有较大潜力。

采用不同的天敌组合防治西花蓟马，需要明确不同天敌的兼容性和各天敌应用的时空顺序。有研究表明，将斯氏钝绥螨分别与无毛小花蝽和狡小花蝽组合释放对西花蓟马有一定防治效果，但与仅使用一种天敌没有显著差异（Weintraub *et al.*，2011；Chow *et al.*，2010）。小花蝽属的无毛小花蝽与线虫的组合未能较好的控制仙客来上的西花蓟马（Pozzebon *et al.*，2015）。此外还包括使用白僵菌时，孢子可能对捕食螨产生间接的亚致死效应（Wu *et al.*，2015），在一定程度上降低它们对蓟马的防治效果。采用不同天敌联合应用控制西花蓟马还需要经过试验研究、详细评估和进行调整，以降低在农作物上使用时两者之间存在的拮抗作用。平衡好不同天敌间的相互影响关系，在防治西花蓟马中才能发挥更有效的作用，并且作为对环境相对友好、不影响农作物产品质量的生物防治未来将会有更大的潜力进行运用。

5.5.5　南方小花蝽与球孢白僵菌联合对西花蓟马的控制作用

5.5.5.1　球孢白僵菌对南方小花蝽及西花蓟马的侵染影响

通过对球孢白僵菌对西花蓟马和小花蝽的侵染试验，同时探究南方小花蟓和白僵菌联合使用的方式和方法，充分发挥不同天敌有效控制西花蓟马的潜力，为提高西花蓟马生物防治效能奠定基础。

经过 $1×10^4$ cfu/mL、$1×10^6$ cfu/mL、$1×10^8$ cfu/mL 的球孢白僵菌菌液处理，7 d 后南方小花蝽具有不同的死亡和感染情况，其中 $1×10^4$ cfu/mL 时的校正死亡率为 6.99%，并且有 1 头南方小花蝽被球孢白僵菌感染；在 $1×10^6$ cfu/mL 时，南方小花蝽的校正死亡率为 11.06%，其中有 3 头被球孢白僵菌感染。当菌液的浓度为 $1×10^8$ cfu/mL 时，供试的南方小花蝽校正死亡率最高，达到 20.95%，并且有 7 头南方小花蝽被球孢白僵菌感染。不同浓度的菌液会对南方小花蝽造成部分侵染，死亡率随浓度的增大而升高。为降低南方小花蝽的死亡率，温室后续实验中采用的菌液浓度为 $1×10^6$ cfu/mL（表 5-17）。

表 5-17　3 种浓度球孢白僵菌对南方小花蝽的侵染影响

指标	对照	$1×10^4$ cfu/mL	$1×10^6$ cfu/mL	$1×10^8$ cfu/mL
存活数/头	32	29	27	24
死亡数/头	7	9（1）	10（3）	13（7）
总数/头	39	38	37	37
校正死亡率（%）	0	7.0	11.1	20.9
检验	$\chi^2 = 3.06$	$df = 3$	$P = 0.38$	

注：表中带有括号的死亡数代表观察到虫体表面被球孢白僵菌寄生的数量。

球孢白僵菌对西花蓟马的室内侵染试验结果显示，在 $1×10^4$ cfu/mL、$1×10^6$ cfu/mL、$1×10^8$ cfu/mL 的球孢白僵菌菌液浓度处理下，西花蓟马的校正死亡率随处理时间的增加而升高，且菌液浓度升高后其校正死亡率逐渐升高。$1×10^8$ cfu/mL 的侵染效果最好，其他 2 种浓度处理后西花蓟马校正死亡率也在 50% 以上。西花蓟马在 3 种浓度处理后第 7 天的校正死亡率分别为 57.51%、79.00%、91.77%（$\chi^2 = 10.15$，$df = 12$，$P = 0.60$），球孢白僵菌在室内对西花蓟马具有较高的侵染和致死作用（图 5-12）。

5.5.5.2　球孢白僵菌不同施用方式时的联合防效

南方小花蝽与不同施用方式球孢白僵菌对西花蓟马的联合防效结果表明，与对照相比，西花蓟马种群数量从采用相应防治措施后 1~8 周发生了明显的变化（图 5-13）。对照中西花蓟马若虫的数量在第 3 周（若虫，$F_{4,15} = 6.16$，$P<0.05$；成虫，$F_{4,15} = 12.45$，$P<0.05$）后迅速增长。第 4 周时其对照中蓟马若虫数量达到 35.0 头，而球孢白僵菌、南方小花蝽处理以及两种联合处理中的蓟马若虫数量分别为 33.5 头、20.75 头、11.25 头、

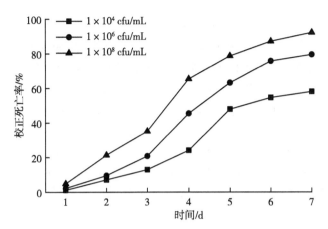

图 5-12　3 种浓度球孢白僵菌对西花蓟马的侵染影响

9.5 头（$F_{4,15} = 17.05$，$P < 0.05$）；成虫分别为 23.8 头、23.25 头、13.75 头、5.75 头（$F_{4,15} = 14.46$，$P < 0.05$），其后对照中蓟马数量逐渐升高，球孢白僵菌地下施用的蓟马数量 4 周后变化较小，其他方式中均呈下降趋势。联合防治中球孢白僵菌在地上使用和南方小花蝽联合防治的效果最好，但依然能采集到蓟马，第 8 周时其若虫的种群数量为 6.25 头，成虫数量为 3.25 头，对照中的若虫数量为 62.8 头，成虫数量为 35.3 头，各防治处理间差异显著（若虫，$F_{4,15} = 46.53$，$P < 0.05$；成虫，$F_{4,15} = 36.44$，$P < 0.05$）（图 5-13）。

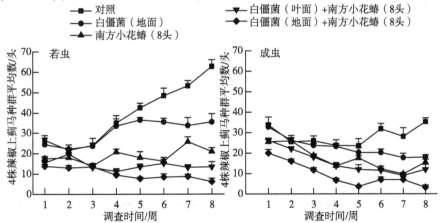

图 5-13　球孢白僵菌不同施用方式与南方小花蝽对西花蓟马的联合控效

注：图中数据为平均值+标准误。

5.5.5.3 南方小花蝽不同密度时的联合防效

高密度南方小花蝽和施用球孢白僵菌的联合防治试验结果显示，单用球孢白僵菌和南方小花蝽的防治效果在前几个周内逐渐下降（图5-14）。南方小花蝽处理3周后（$F_{3,12} = 16.59$，$P < 0.05$）、球孢白僵菌处理4周后（$F_{3,12} = 23.59$，$P < 0.05$）西花蓟马若虫种群数量变化趋势逐渐平稳，而成虫在3周后（$F_{3,12} = 7.39$，$P < 0.05$）有短暂的升高，之后下降。第8周时，不同处理的蓟马若虫和成虫差异显著（若虫，$F_{3,12} = 78.04$，$P < 0.05$；成虫，$F_{3,12} = 79.4$，$P < 0.05$），其中对照中的西花蓟马若虫数量为67.3头，成虫数量为38.0头；球孢白僵菌和南方小花蝽处理的西花蓟马若虫种群数量差异不显著（$t_6 = 1.21$，$P = 0.27$），分别为16.3头和13.3头，成虫间差异不显著（$t_6 = 0.62$，$P = 0.56$），分别为7.0头和8.8头。联合防治措施在整个试验期间均取得了相对较好的控制效果，第8周时西花蓟马若虫种群数量为3.4头，成虫则为0.0头（图5-14）。

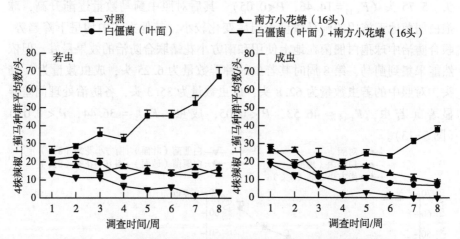

图5-14　球孢白僵菌与南方小花蝽不同密度对西花蓟马的联合控效

注：图中数据为平均值+标准误。

5.5.5.4 西花蓟马低密度时的联合防效

不同防治方法对西花蓟马较低密度的控制效果显示，与对照相比，球孢白僵菌、南方小花蝽和两者联合防治均有较好的防治效果（图5-15）。蓟马若虫从第2周开始种群数量明显降低，与对照相比差异显著（$F_{3,12} = 9.17$，$P < 0.05$），但各个防治措施间差异不显著（$P > 0.05$）。第4周后西花蓟马若虫和成虫的种群密度处于较低水平，此时对照西花蓟马种群数量为 15.25 头。联合使用球孢白僵菌和南方小花蝽的处理中，第 5 周后已经基本观察不到活体西花蓟马若虫和成虫，此时种群数量为 0.00 头（$F_{3,12}=33.32$，$P<0.05$），成虫为 0.8 头（$F_{3,12}=23.89$，$P<0.05$）。在整个试验期间，不同处理措施中的西花蓟马成虫、若虫数量与对照相比均被控制在相对较低水平。第 8 周时，对照中的西花蓟马若虫为 26.3 头，其他处理方式中均低于 1.5 头（$F_{3,12}=249.66$，$P<0.05$）；对照的成虫为 17.5 头，而其他处理中则低于 1.3 头（$F_{3,12}=73.69$，$P<0.05$）（图 5-15）。

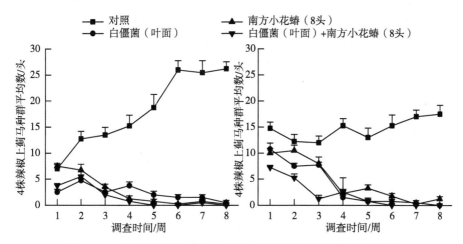

图 5-15　球孢白僵菌与南方小花蝽对西花蓟马低密度的联合控效

注：图中数据为平均值+标准误。

5.5.5.5　不同使用条件时的联合控效

不同防治措施的对西花蓟马的控制效果显示，在相对较高的西花蓟马种群密度下，球孢白僵菌采用叶面喷施和释放南方小花蝽联合控制的效果强于其单独使用效果；但是球孢白僵菌地表施用和释放南方小花蝽联合后西花蓟马的控制效果在大多数时候与单独使用的控制效果差别较小（图 5-16）。球孢白僵菌叶面喷施和南方小花蝽高密度联合施用的控制效果最好，第 4 周和第 8 周时的西花蓟马数量分别为 8.25 头和 3.25 头，南方小花蝽的正常密度联用效果在总体上比单用控效好，但是其中第 3、6、7 周调查时与单用的控效差异较小。采用地上施用球孢白僵菌和地下施用球孢白僵菌控效相比，地上施用球孢白僵菌控效比地下施用更快，并且防效相对较好，第 8 周时地下和地上施用球孢白僵菌的西花蓟马数量分别为 53.50 头和 23.25 头，但是与对照相比依然有一定效果，对照为98.00头；而南方小花蝽的正常密度和高密度相比，高密度（22.00头）的南方小花蝽在7~8周控效略强于较低密度（36.50头）。在相对较低的西花蓟马种群密度条件下，不论是单用球孢白僵菌地上喷施还是单释放南方小花蝽，或者是两者联合施用，2~3周后均具有较好的控制效果，蓟马密度与对照相比均明显降低，不同防治措施间的防效没有差异（图5-16）。

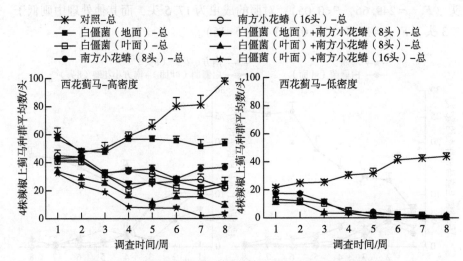

图5-16 不同防治处理对西花蓟马若虫和成虫的控制效果

球孢白僵菌对大多数的害虫和天敌存在不同的作用效果。本研究发现，室内条件下球孢白僵菌对南方小花蝽和西花蓟马均具有一定致死作用，随球孢白僵菌施用浓度升高，死亡率增加。室内试验中，球孢白僵菌对西花蓟马的致死率更高，当浓度为 1×10^8 cfu/mL 时，西花蓟马死亡率达到91.77%。温室试验采用浓度 1×10^6 cfu/mL 处理后，西花蓟马的死亡率也达到了79.00%。Gao 等（2012）在室内研究了球孢白僵菌对西花蓟马的毒力作用，结果发现，球孢白僵菌浓度为 $1 \times 10^4 \sim 1 \times 10^7$ cfu/mL 时对西花蓟马的若虫的致死率为69%~96%。许多研究也表明球孢白僵菌在室内和田间运用时对西花蓟马具有较好的作用效果（Kivett *et al.*, 2016；Zhang *et al.*, 2019）。此外，南方小花蝽有感染球孢白僵菌的现象，但在供试的3种常用浓度下，南方小花蝽的死亡率低于25%（Saito *et al.*, 2018），表明施用白僵菌对南方小花蝽有相对较小的侵染风险。球孢白僵菌对南方小花蝽的致死率相对较低，对西花蓟马表现出较高致死率，在利用两种天敌联合防治西花蓟马时，仍然需要考虑两者间的相容性。许多研究表明，白僵菌对小花蝽的致病力较低。Gao 等（2012）研究了白僵菌对东亚小花蝽的影响，结果表明，白僵菌直接接触东亚小花蝽后，既不会直接杀死小花蝽，也不会对小花蝽的发育速率产生直接的影响。Herrick 和 Cloyd（2017）在室内进行试验确定 28 种农药对美洲小花蝽成虫的直接接触影响和间接捕食影响，结果表明球孢白僵菌是对美洲小花蝽成虫危害最低的杀虫剂之一，球孢白僵菌处理后，美洲小花蝽成虫的存活率为 80%~100%；Ludwig 和 Oetting（2001）的研究也是相似的结果。此外，球孢白僵菌对其他捕食性和寄生性天敌也有较小的致病性，例如不同球孢白僵菌对不同的捕食螨、赤眼蜂等均表现出较小的危害（Seiedy et al., 2015）。Wu 等（2014）研究了球孢白僵菌对巴氏新小绥螨（Neoseiulus barkeri）的影响，发现球孢白僵菌在 60 h 后没有穿透巴氏新小绥螨的角质层，孢子逐渐从体壁上脱落，推测可能是表皮蛋白阻止了球孢白僵菌的侵染。并且巴氏新小绥螨自身表皮具有一定的修复能力，从而降低球孢白僵菌对其的影响，类似的情况在害虫中却没有发现（Wu et al., 2016）。室内的侵染试验能更好表明不同生物防治剂在害虫的综合防治中联合使用的安全性。不论是微生物和捕食性天敌，或是微生物和寄生性天敌在联合应用控制害虫时，基本的相容性应被严格检验，在试验和具体使用过程中，联合使用产生的干扰作用也值得重视。虽然许多研究表明球孢白僵菌对多种天敌几乎没有或很少有显著的影响（Sun et al., 2018），但是也有报道显示球孢白僵菌对捕食性天敌的发育历期、繁殖力和捕食率等产生不良影响（徐华苹等，2021）。Wu 等（2015）研究发现，捕食螨巴氏新小绥螨捕食感染球孢白僵菌的西花蓟马后，其发育时间显著延长，寿命和繁殖力明显低于捕食正常西花蓟马的捕食螨；Midthassel 等（2016）研究表明，球孢白僵菌对斯氏钝绥螨成虫具有轻度至中度毒力，且斯氏钝绥螨的繁殖力随时间推移而降低。因此，还需要开展更多室内侵染试验及温室应用试验，检验不同天敌间能否在实际应用时发挥增效作用。在研究温室联合防治试验中，南方小花蝽均在施用球孢白僵菌 2 d 后释放，一定程度上减少了两种天敌的直接接触造成的相互影响。且南方小花蝽 3 周释放 1 次，对球孢白僵菌造成的小花蝽种群损失具有补充作用。但是，开展更多的试验探究球孢白僵菌对南方小花蝽产生的其他可能影响依然是今后的研究思路。

不同施用方式对球孢白僵菌防治西花蓟马的效果具有影响。Lee 等（2017）在温室中种植的高 25 cm 番茄上接入西花蓟马，在种植番茄的花盆土壤中施用球孢白僵菌控制西花蓟马，结果表明，在施用 20~40 d 后，西花蓟马种群数量减少了 75% 以上，而利用球孢白僵菌控制番茄上的蓟马时，土壤处理的控制效果为 90% 以上，球孢白僵菌土壤施用对西花蓟马具有较好的防效。本研究前期试验发现，在养虫笼中接入西花蓟马常常具有损失。因此开展试验时接入较高虫口数量（600 头）进行试验，减少了西花蓟马在接入到养虫笼后在笼子中辣椒上定殖的损耗。采用球孢白僵菌叶面喷施和地面施用的试验结果显示，不论是单用还是联合南方小花蝽应用，均表现出叶面喷施球孢白僵菌的效果更好，对西花蓟马若虫和成虫都具有较好的控制效果。而地下施用球孢白僵菌在施用的 4~5 周内其控效与对照相差较小，但 5 周后与对照相比蓟马虫口数量得到控制，未继续增长。第 8 周统计时，地面施用球孢白僵菌也达到了一定的控制效果。本研究球孢白僵菌地面施用的控效低于 Lee 等（2017）的结果，可能由于其在花盆中进行试验，西花蓟马躲藏的地方较少，本研究辣椒的种植更符合田间的种植条件，但也为西花蓟马提供了更多躲藏地避免被感染，而表现出防治效果相对较低和滞后。此外，两种生物防治方法采用地上和地下配合施用的研究较多，如 Saito 等（2016）以及 Zhang 等（2021）研究了球孢白僵菌地上施用，在土壤中释放土栖剑毛帕厉螨（*Stratiolaelaps scimitus*）。Otieno 等（2017）研究了无毛小花蝽（*Orius laevigatus*）与土壤施用绿僵菌联合控制西花蓟马，以上均取得了较好的控制效果。而本研究中联合球孢白僵菌地下与小花蝽地上联合防治虽然具有控制效果，但是控效低于地上施用，与单独施用相比增效幅度不大。

　　合理范围内生物控制效果随天敌密度的升高而升高。孙猛等（2012）研究了不同密度南方小花蝽对月季上西花蓟马的防治，结果表明 2 头/m² 和 4 头/m² 2 种密度南方小花蝽对西花蓟马的控制效果随密度增加而逐渐升高；马鹤娟（2014）研究了在温室利用加州新小绥螨（*Neoseiulus californicus*）防治茄子上的西花蓟马，结果表明以加州新小绥螨：西花蓟马为 3∶1 和 6∶1 进行释放，其控制效果分别为 58.93% 和 76.09%。本研究中，天敌密度不论在单独使用或是联合使用时对西花蓟马的控效均表现为高密度的南方小花蝽控效更好，并且在合理范围内提高天敌密度与球孢白僵菌联合使用的控效更好。这与以上结果相似。但也有研究表明，天敌密度的增加并不会显著影响其控制效果。程成等（2014）在温室的番茄上使用不同密度捕食螨防治烟粉虱，结果表明 2 个释放密度对烟粉虱的控效无显著差异。这可能是由于天敌释放时不同寄主和最适密度的影响，以及不同天敌对害虫的捕食量和天敌间的相互竞争关系导致。并且研究表明，天敌种群密度较高时，其种内可能存在互残行为而导致控制效果下降（卢塘飞等，2021）。因此，在利用南方小花蝽联合球孢白僵菌对西花蓟马的防治中可在合理范围内增加南方小花蝽密度。而更具体的南方小花蝽密度对联合防治效果的影响需要开展更深入的研究，且不同龄期的组合防治效果也值得更深入研究。

西花蓟马的初始虫口基数直接影响不同防治措施的控效。本研究结果表明，在蓟马密度较高时不同防治措施与对照相比具有一定防治效果，各个防治措施间控效不同，分别在 1~8 周内将蓟马控制在相对较低的数量。蓟马密度较低时则表现出很好的控效，第 3~4 周后很少有蓟马活动。因此，不论是不同防治措施的单独使用或者联合使用应在蓟马密度较低时进行，而当蓟马密度较高时虽然不同措施均有控制效果，但是联合的防治措施表现出相对较好的控效，以此推测，若蓟马密度不断升高，可能导致不同生物防治措施的效果进一步降低，此时便需要进一步考虑 IPM 策略对西花蓟马进行控制，即采用多种防治措施配合。Saito 等（2018）研究了绿僵菌 F52 和 2 种捕食螨（*Amblyseius swirskii*、*Neoseiulus cucumeris*）联合应用来控制菊花上的西花蓟马，结果表明在西花蓟马密度较低时具有较好的控制效果，而当蓟马密度较高时控效则降低，本研究结果与之相似。因此生物防治的应用应考虑相应的蓟马发生情况和应用条件，最大限度发挥生物防治优势。

本研究结果表明，球孢白僵菌和南方小花蝽可联合应用来防治西花蓟马，为辣椒上的 IPM 策略奠定了基础。Rosales 等（2016）研究了与本研究中微生物制剂相似的绿僵菌防控玉米上的害虫时对小花蝽属天敌不会产生影响。其他不同生物防治措施的联合应用研究中也表现出其联合控制害虫是可行的（Down *et al.*，2009；Gholamzadeh-Chitgar *et al.*，2017）。同时，本研究也发现，球孢白僵菌可能会对天敌产生影响。相应的研究中，Wu 等（2017）采用喷施球孢白僵菌 14 d 后再释放捕食螨（*Neoseiulus barkeri*），以尽量减少两种生物的接触，这一策略可以更好的使不能兼容的两种生物一起使用，并取得较好的防治效果。这也为不同的防治方法联合应用提供了一种更好的策略。本研究中的球孢白僵菌和南方小花蝽的间隔使用对蓟马的防治效果需要进一步研究。

5.5.5.6 球孢白僵菌颗粒剂和土栖剑毛帕厉螨对西花蓟马的联合防治

张兴瑞（2019）以外来入侵种西花蓟马为防治对象，探究联合应用球孢白僵菌颗粒剂和土栖捕食螨的可行性与应用潜力，通过室内生测、扫描电镜观察侵染过程和构建生命表等方法，评价球孢白僵菌和剑毛帕厉螨的兼容性，研究了二者联合应用防治蓟马的潜力。通过在温室中单独与联合应用白僵菌颗粒剂和土栖捕食螨，得出了施用球孢白僵菌颗粒剂是防治西花蓟马有效手段的结论。

本章主要参考文献

曹宇，刘燕，杨文佳，等，2015. 甲维盐作用对西花蓟马能源物质的影响. 中山大学学报（自然科学版），54（6）：31-36.

常怀艳，赵远鹏，张永杰，等，2017. 花粉粘虫板对西花蓟马诱集效果的研究. 环境昆虫学报，39（4）：879-887.

程成，江俊起，夏晓飞，等，2014. 释放捕食螨对温室番茄上烟粉虱数量的影响. 安徽农业大学学报，41（4）：685-689.

樊婕，张雪莹，孙宪芝，等，2020. 茉莉酸甲酯对菊花抗蚜性的影响. 应用生态学报，31（12）：4197-4205.

方小端，吴伟南，刘慧，等，2008. 以植绥螨防治入侵害虫西方花蓟马的研究进展. 中国植保导刊，28（4）：10-12.

葛德助，马磊，高贯彪，等，2021. 亳白芍套种栽培技术研究. 现代农业科技，789（7）：59-61.

韩立红，陈加和，陈明远，等，2020. 草莓日光温室套种食用菊花栽培技术. 蔬菜，350（2）：38-40.

洪文英，陈瑞，吴燕君，等，2014. 蓟马防治药剂及混配组合的筛选和应用效果. 浙江农业科学，351（12）：1807-1809.

侯文杰，李飞，吴青君，等，2013. 西花蓟马对多杀菌素的抗性生化机制研究. 应用昆虫学报，50（4）：1042-1048.

呼倩，杜相革，2021. 纳米助剂对防治西花蓟马五种植物源农药的增效作用. 中国生物防治学报，37（3）：459-463.

姜帆，向均，梁亮，等，2022. 植物检疫检测技术应用现状及发展趋势. 植物保护学报，49（6）：1576-1582.

李景柱，郅军锐，孙月华，等，2007. 西花蓟马的天敌：小花蝽的研究进展//植物保护与现代农业：中国植物保护学会 2007 年学术年会论文集. 北京：中国农业科学技术出版社.

李秋荣，陈小华，李志成，等，2019. 5 种杀虫剂对设施辣椒西花蓟马的毒力及防效评价．青海大学学报，37（5）：9-14，81.

刘惠芳，杨文，陈瑶，等，2018. 4 种杀虫剂对茶棍蓟马的防效及其在茶树上的残留动态．贵州农业科学，46（12）：48-51.

卢塘飞，陈俊谕，张方平，等，2021. 不同猎物及密度对巴氏新小绥螨和拉戈钝绥螨同类相残和集团内捕食作用的影响．环境昆虫学报，43（1）：214-223.

马鹤娟，2014. 加州新小绥螨对西花蓟马的控制作用初探．华中农业大学.

帕提玛·乌木尔汗，马成，王芳，等，2018. 不同色板和引诱剂对设施蔬菜主要害虫的诱杀效果．植物保护，44（6）：205-209.

潘志萍，吴伟南，刘惠，等，2007. 入侵害虫西方花蓟马综合防治进展的概述．昆虫天敌，29（2）：76-83.

庞钰，袁庆华，2007. 植物源药剂对苜蓿蓟马的防效研究．草业科学，164（3）：101-103.

钱蕾，蒋兴川，刘建业，等，2015. 大气 CO_2 浓度升高对西花蓟马生长发育及其寄主四季豆营养成分的影响．生态学杂志，34（6）：1553-1558.

孙建中，方继朝，杜正文，等，1995. 吡虫啉：一种超高效多用途的内吸性杀虫剂．植物保护，21（2）：44-45.

孙猛，郅军锐，莫利锋，2012. 南方小花蝽对切花月季西花蓟马的控制作用．河南农业科学，41（9）：95-98.

孙猛，郅军锐，姚加加，等，2010. 不同颜色粘虫板对切花月季上西花蓟马诱集效果．北方园艺，217（10）：186-188.

孙晓会，徐学农，王恩东，2009. 东亚小花蝽对西方花蓟马和二斑叶螨的捕食选择性．生态学报，29（11）：6285-6291.

唐良德，付步礼，邱海燕，等，2015. 豆大蓟马对 12 种杀虫剂的敏感性测定．热带作物学报，36（3）：570-574.

万岩然，何秉青，苑广迪，等，2016. 北京和云南地区西花蓟马对多杀菌素类药剂产生抗药性．应用昆虫学报，53（2）：396-402.

王恩东，徐学农，吴圣勇，2010. 释放巴氏钝绥螨对温室温室茄子上西花蓟马及东亚小花蝽数量的影响．植物保护，36（5）：101-104.

王海鸿，刘胜，王帅宇，等，2020. 150 亿孢子/g 球孢白僵菌可湿性粉剂的研发及对西花蓟马的防治应用．中国生物防治学报，36（6）：

858-861.

王杰，胡惠露，张成林，等，2002. 菊花病虫害综合防治研究. 应用生态学报（4）：444-448.

王俊平，郑长英，2011. 对蓟马类害虫高致病性球孢白僵菌的分离、鉴定. 茶叶科学，31（4）：295-299.

王彭，刘叙杆，黄正谊，2016. 5 种药剂对不同地区蓟马田间优势种群的敏感度测定. 农药，55（7）：527-529.

王清玲，李平全，吴炎融，2002. 蓟马天敌小黑花蝽 Orius strigicollis 之繁殖与利用. 农作物害虫与害螨生物防治研讨会台湾昆虫特刊：157-174.

王圣印，周仙红，张安盛，等，2013. 西花蓟马对吡虫啉的抗性机制及交互抗性研究. 应用昆虫学报，50（1）：167-172.

肖长坤，郑建秋，师迎春，等，2006. 防治西花蓟马药剂筛选试验. 植物检疫（1）：20-22.

徐华苹，贺小勇，蒋洪丽，等，2021. 球孢白僵菌对二斑叶螨的致病性和对天敌智利小植绥螨的间接影响. 中国生物防治学报，37（3）：436-442.

徐学农，BORGEMEISTER C，POEHLING HM，2005. 联合释放黄瓜钝绥螨或小花蝽和尖狭下盾螨防治西花蓟马. 北京：中国农业科学技术出版社：35-40.

颜改兰，王圣印，2020. 西花蓟马对烯啶虫胺、噻虫胺和噻虫嗪的抗性风险和抗性稳定性. 应用生态学报，31（10）：3289-3295.

杨林，朱莉，聂紫瑾，等，2016. 覆膜种植对北京山区茶用菊花生长及抑草效果的影响. 安徽农业科学，44（8）：53-54，173.

叶琪明，郭方其，章金明，等，2020. 浙江切花菊主要虫害及其防治. 绿色科技（15）：114-116，118.

叶青松，杨红艳，1988. 沙蚕毒系药剂的杀虫活性与温度的关系的试验. 湖北农业科学（6）：28-29.

袁成明，郅军锐，马恒，等，2010. 不同生殖方式下西花蓟马的繁殖力研究. 贵州农业科学，38（1）：74-76.

张安盛，李丽莉，于毅，等，2007. 中华草蛉幼虫对西花蓟马若虫的捕食功能反应与搜寻效应. 植物保护学报，34（3）：247-251.

张安盛，于毅，李丽莉，等，2007. 几种杀虫剂对西花蓟马的室内毒力．华东昆虫学报（3）：232-234.

张晓明，柳青，李宜儒，等，2018. 六种常见杀虫剂对西花蓟马和花蓟马的毒力测定．环境昆虫学报，40（1）：215-223.

张兴瑞，2019. 球孢白僵菌颗粒剂和土栖剑毛帕厉螨对西花蓟马的联合防治．中国农业科学院.

张艳璇，单绪南，林坚贞，等，2010. 胡瓜钝绥螨控制日光温室甜椒上的西花蓟马的研究与应用．中国植保导刊，30（11）：22-23.

张治军，张友军，徐宝云，等，2013. 不同类型杀虫剂对西花蓟马的室内毒力．浙江农业科学，333（6）：694-697，699.

赵海明，游永亮，李源，等，2019. 植物源农药对苜蓿蚜虫与蓟马的防治效果．草学，245（2）：29-35.

钟锋，吕利华，高燕，等，2009. 西花蓟马的危害及生物防治研究进展．广东农业科学，8：120-123.

AN C, SHENG LP, DU XP, *et al.*, 2019. Overexpression of CmMYB15 provides chrysanthemum resistance to aphids by regulating the biosynthesis of lignin. Horticulture Research，6：84.

ANSARI MA, BROWNBRIDGE M, SHAH FA, 2008. Efficacy of entomopathogenic fungus against soil-dwelling life stages of western flower thrips, *Frankliniella occidentalis*, in plant-growing media. Entomologia Experimentalis et Applicata，127（2）：80-87.

BAILEY SF, 1933. A contribution to the knowledge of the western flower thrips, *Frankliniella californica*（Moulton）. Journal of Economic Entomology，26：836-840.

BOUCEK Z, 1976. Taxonomic studies on some Eulophidae（Hym.）of economic interest, mainly from Africa. Entomophaga，21（4）：401-414.

BROUGHTON S, HERRON GA, 2007. *Frankliniella occidentalis*（Pergande）（Thysanoptera：Thripidae）chemical control：insecticide efficacy associated with the three consecutive spray strategy. Australian Journal of Entomology，46（2）：140-145.

CHOW A, CHAU A, HEINZ KM, 2010. Compatibility of *Amblyseius*（*Typhlodromips*）*swirskii*（Athias-Henriot）（Acari：Phytoseiidae）and *Orius insidiosus*（Hemiptera：Anthocoridae）for biological control of *Frankliniella occidentalis*（Thysanoptera：Thripidae）on roses. Biological

Control, 53 (2): 188-196.

COOK DF, HOULDING BJ, STEINER EC, *et al.*, 1996. The native anthocorid bug (*Orius armatus*) as a field predator of *Frankliniella occidentalis* in Western Australia. Acta Horticulturae, 431: 507-512.

DABAJ KH, 2009. Integrated production and pest and disease management of greenhouse crop production in libya. Acta Horticulturae, 807 (807).

DOWN RE, CUTHBERTSON AGS, MATHERS JJ, *et al.*, 2009. Dissemination of the entomopathogenic fungi, *Lecanicillium longisporum* and *L. muscarium*, by the predatory bug, *Orius laevigatus*, to provide concurrent control of *Myzus persicae*, *Frankliniella occidentalis* and *Bemisia tabaci*. Biological Control, 50 (2): 172-178.

EBSSA L, BORGEMEISTER C, POEHLING HM, 2006. Simultaneous application of entomopathogenic nematodes and predatory mites to control western flower thrips *Frankliniella occidentalis*. Biological Control, 39 (1): 66-74.

FUNDERBURK J, STAVISKY J, OLSON S, 2000. Predation of *Frankliniella occidentalis* (Thysanoptera: thripidae) in field peppers by *Orius insidiosus* (Hemiptera: anthocoridae). Environmental Entomology, 29 (2): 376-382.

GAO YL, REITZ SR, WANG J, *et al.*, 2012. Potential of a strain of the entomopathogenic fungus *Beauveria bassiana* (Hypocreales: Cordycipitaceae) as a biological control agent against western flower thrips, *Frankliniella occidentalis* (Thysanoptera: Thripidae) . Biocontrol Science and Technology, 22: 491-495.

GHABEISH I, SALEH A, AL-ZYOUD F, 2008. *Dicyphus tamaninii*: establishment and efficiency in the control of Aphis gossypii on greenhouse cucumber. Journal of Food, Agriculture & Environment, 6: 346-349.

GHOLAMZADEH-CHITGAR M, HAJIZADEH J, GHADAMYARI M, *et al.*, 2017. Effect of sublethal concentration of *Beauveria bassiana* fungus on demographic and some biochemical parameters of predatory bug, *Andrallus spinidens* Fabricius (Hemiptera: Pentatomidae) in laboratory conditions. Trakia Journal of Sciences, 15 (2): 160-167.

GILKESON, MOREWOOD LAWD, ELLIOT DE, 1990. Current status of

biological control of thrips in Canadian greenhouses with *Am- blyseius cucumeris* and *Orius tristicolor*. IOBC/WPRS Bul-letin, 13: 71-75.

GOODWIN S, STEINER MY, 1996. Survey of Australian native natural enemies for control of thrips. Bulletin IOBC/WPRS, 19 (1): 47-50.

GOULI S, GOULI V, SKINNER M, *et al.*, 2008. Mortality of western flower thrips, *Frankliniella occidentalis*, under influence of single and mixed fungal inoculations. Journal of Agricultural Technology, 4 (2): 37-47.

HERRICK NJ, CLOYD RA, 2017. Direct and indirect effects of pesticides on the insidious flower bug (Hemiptera: Anthocoridae) under laboratory conditions. Journal of Economic Entomology, 110 (3): 931-940.

HOUTEN YM, RIJN PCJ, TANIGOSHI LK, *et al.*, 1995. Preselection of predatory mites to improve year round biological control of western flower thrips in greenhouse crops. Entomologia Experimentalis et Applicata, 74: 225-234.

JOE F, JULIANNE S, STEVE O, 2000. Predation of *Frankliniella occidentalis* (Thysanoptera: Thripidae) in field peppers by *Orius insidiosus* (Hemiptera: Anthocoridae). Environmental Entomology (2): 376-382.

KIVETT JM, CLOYD RA, BELLO NM, 2016. Evaluation of entomopathogenic fungi against the western flower thrips (Thysanoptera: Thripidae) under laboratory conditions. Journal of Entomological Science, 51 (4): 274-291.

KOSTIAINEN TS, HOY MA, 1996. The phytoseiidae as biological control agents of pest mites and insects: a bibliography. Department of Entomology and Nematology, University of Florida, Gainesville, FL.

LACASA A, CONTRERAS J, SANCHEZ JA, *et al.*, 1996. Ecology and natural enemies of *Frankliniella occidentalis* (Pergande) in south east Spain. Foliaentomologica Hungarica, 57: 67-74.

LEE SJ, KIM S, KIM JC, *et al.*, 2017. Entomopathogenic *Beauveria bassiana* granules to control soil-dwelling stage of western flower thrips, *Frankliniella occidentalis* (Thysanoptera: Thripidae). BioControl, 62 (5): 639-648.

LIM UT, DRIESCHE VAN RG, HEINZ KM, 2001. Biological attributes of the nematode, *Thripinema nicklewoodi*, a potential biological control agent of western flower thrips. Biological Control, 22 (3): 300-306.

LIU MY, CASIDA JE, 1993. Hign affinity binding of [³H] imidacloprid in the insect acetychline receptor. Pesticide Biochemistry and Physiology, 46 (1): 40-46.

LOOMANS AJM, 2003. Parasitoid as biological control agents of thrips pests.

LOOMANS, AJM, TOLSMA J, et al., 1995. Releases of parasitoids (Ceranisus spp.) as biological control agents of western flower thrips (Frankliniella ocidentalis) in experi mental greenhouses. Mededelingen Faculteit Landbouw wetenschappen, Rijksuniversiteit Gent, 60 (3): 869-877.

LUDWIG SW, OETTING RD, 2001. Susceptibility of natural enemies to infection by Beauveria bassiana and impact of insecticides on Ipheseius degenerans (Acari: Phytoseiidae). Journal of Agricultural and Urban Entomology, 18 (3): 168-178.

MANIANIA NK, EKESI S, LHR B, et al., 2003. Prospects for biological control of the western flower thrips, Frankliniella occidentalis, with the entomopathogenic fungus, Metarhizium anisopliae, on chrysanthemum. Mycopathologia, 155 (4): 229-235.

MIDTHASSEL A, LEATHER SR, WRIGHT DJ, et al., 2016. Compatibility of Amblyseius swirskii with Beauveria bassiana: two potentially complimentary biocontrol agents. BioControl, 61 (4): 437-447.

NAUEN R, BRETSCHNEIDER T, 2002. New modes of action of insecticides. Pesticide Outlook, 13 (6): 241-245.

OTIENO JA, PALLMANN P, POEHLING HM, 2017. Additive and synergistic interactions amongst Orius laevigatus (Heteroptera: Anthocoridae), entomopathogens and azadirachtin for controlling western flower thrips (Thysanoptera: Thripidae). BioControl, 62 (1): 85-95.

POZZEBON A, BOARIA A, DUSO C, 2015. Single and combined releases of biological control agents against canopy – and soil – dwelling stages of Frankliniella occidentalis in cyclamen. BioControl, 60 (3): 341-350.

PREMACHANDRA WTSD, BORGEMEISTER C, BERNDT O, et al., 2003. Combined releases of entomopathogenic nematodes and the predatory mite Hypoaspis aculeifer to control soil-dwelling stages of western flower thrips *Frankliniella occidentalis*. BioControl, 48（5）: 529-541.

RIUDAVETS J, CASTANE C, 1998. Identification and evaluation of native predators of *Frankliniella occidentalis*（Thysanoptera: Thripidae）in the Mediterranean. Environmental Entomology, 27: 86-93.

ROSALES EOE, TERÁN VAP. GUIZAR GL, *et al.*, 2016. Field application of the generalist entomopathogenic fungus *Metarhizium brunneum* did not affect beneficial *Orius cf. insidiosus* on maize. Southwestern Entomologist, 41（1）: 293-296.

SABELIS MW, RIJN PCJ, 1997. Predation by insects and mites. CAB International: 259-354.

SAITO T, BROWNBRIDGE M, 2016. Compatibility of soil - dwelling predators and microbial agents and their efficacy in controlling soil - dwelling stages of western flower thrips *Frankliniella occidentalis*. Biological Control, 92: 92-100.

SAITO T, BROWNBRIDGE M, 2018. Compatibility of foliage - dwelling predatory mites and mycoinsecticides, and their combined efficacy against western flower thrips *Frankliniella occidentalis*. Journal of Pest Science, 91（4）: 1291-1300.

SEIEDY M, TORK M, DEYHIM F, 2015. Effect of the entomopathogenic fungus *Beauveria bassiana* on the predatory mite *Amblyseius swirskii*（Acari: Phytoseiidae）as a non-target organism. Systematic and Applied Acarology, 20（3）: 241-250.

SENGONCA C, ZEGULA T, BLAESER P, 2004. The suitability of twelve different predatory mite species for the biological of *Frankliniella occidentalis*（Pergande）（Thysanoptera: Thripidae）. CABI Abstract.

SHIPP JL, WANG K, 2003. Evaluation of *Amblyseius cueumeris*（Acari: Phytoseiidae）and *Orius insidiosus*（Hemiptera: Anthocoridae）for control of *Frankliniella occidentalis*（Thysanoptera: Thripidae）on greenhous tomatoes. Biological Control, 28（3）: 271-281.

SINGH D, PARK RF, MeIntosh RA, 2001. Postulation of leaf（brown）rust resistance genes in 70 wheat cultivars grown in the United Kingdom. Euphytica, 120: 205-218.

SKIRVIN D, KRAVAR-GARDE L, REYNOLDS K, *et al.*, 2006. The influence of pollen on combining predators to control *Frankliniella occidentalis* in ornamental chrysanthemum crops. Biocontrol Science and Technology, 16: 1, 99–105.

SUN W, SARKAR SC, XU X, *et al.*, 2018. The entomopathogenic fungus *Beauveria bassiana* used as granuleshas no impact on the soil – dwelling predatory mite *Stratiolaelaps scimitus*. Systematic and Applied Acarology, 23 (11): 2165–2172.

UGINE TA, WRAIGHT SP, MICHAEL BROWNBRIDGE, *et al.*, 2005. Development of a novel bioassay for estimation of median lethal concentrations (LC_{50}) and doses (LD_{50}) of the entomopathogenic fungus *Beauveria bassiana*, against western flower thrips, *Frankliniella occidentalis*. Journal of Invertebrate Pathology, 89: 210–218.

WAMISHE Y A, MILUS E A, 2004. Genes for adult–plant resistance to leaf rust in soft red winter wheat. Plant disease, 88: 1107–1114.

WEINTRAUB PG, PIVONIA S, STEINBERG S, 2011. How many *Orius laevigatus* are needed for effective western flower thrips, *Frankliniella occidentalis*, management in sweet pepper. Crop Protection, 30 (11): 1443 – 1448.

WU S, GAO Y, XU X, *et al.*, 2015. Feeding on *Beauveria bassiana* – treated *Frankliniella occidentalis* causes negative effects on the predatory mite *Neoseiulus barkeri*. Scientific Reports, 5 (1): 1–12.

WU S, HE Z, WANG E, *et al.*, 2017. Application of *Beauveria bassiana* and *Neoseiulus barkeri* for improved control of *Frankliniella occidentalis* in greenhouse cucumber. Crop Protection, 96: 83–87.

WU SY, GAO YL, ZHANG YP, *et al.*, 2014. An entomopathogenic strain of *Beauveria bassiana* against *Frankliniella occidentalis* with no detrimental effect on the predatory mite Neoseiulus barkeri: evidence from laboratory bioassay and scanning electron microscopic observation. Plos One, 9 (1): 1–7.

ZEGULA VT, CETIN S, PETER B, 2003. Development, reproduction and predation by two predatory thrips species *Aeolothrips intermedius Bagnall* and *Franklinothrips vespiformis Crawford* (Thysanoptera: Aeolothripidae) by feeding with two prey species. Gesunde Pflanzen, 55: 169 –

174.

ZHANG K, YUAN JJ, WANG J, et al., 2022. Susceptibility levels of field populations of *Frankliniella occidentalis* (Thysanoptera: Thripidae) to seven insecticides in China. Crop Protection: 153.

ZHANG XR, LEI ZG, REITZ SR, et al., 2019. Laboratory and greenhouse evaluation of a granular formulation of *Beauveria bassiana* for control of western flower thrips, *Frankliniella occidentalis*. Insects, 10 (2): 58.

ZHANG XR, WU SY, REITZ SR, et al., 2021. Simultaneous application of entomopathogenic *Beauveria bassiana* granules and predatory mites Stratiolaelaps scimitus for control of western flower thrips, *Frankliniella occidentalis*. Journal of Pest Science, 94 (1): 119-127.